口絵：

ー都市部でも見られるシダたちー

ソーラスは縁近くにつく
近年、都市部に広がりつつあるシダ。水辺の岩上などを好む。（沖縄・那覇）

ホウライシダ
Adiantum capillus-veneris

イヌケホシダ

Thelypteris dentata

近年、都市部で分布を拡大しているシダ。駅の構内にもよく生える。
（東京・世田谷区）

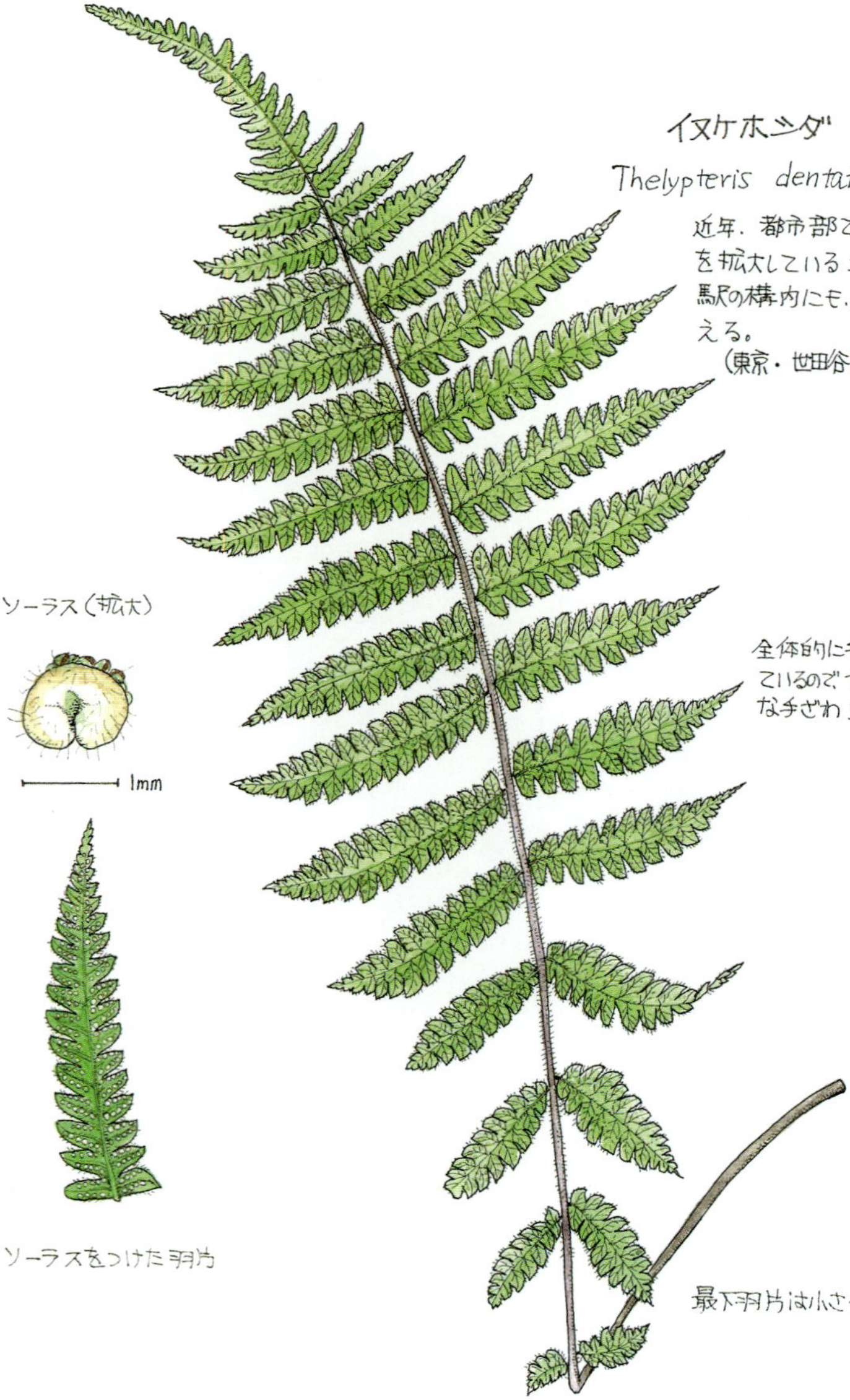

ホシダ

Thelypteris acuminata

暖地に多い。沖縄などでは都市部に最も普通なシダの一つ。家畜のエサとして利用することがある。

（沖縄・那覇）

モエジマシダ

Pteris vittata

暖地性のシダだが、近年、関西地方では都市部にも進出が見られる。（沖縄・那覇）

リュウキュウイノモトソウ

Pteris ryukyuensis

沖縄では都市部に普通。

本土では本種によく似たイノモトソウを、都市部でもごく普通に見かける。（沖縄・那覇）

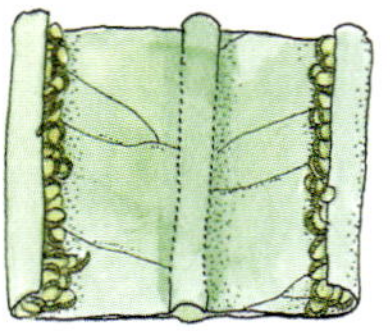

ソーラスは羽片の縁に沿ってつく

オニヤブソテツ　*Cyrtomium falcatum*

都内でも普通に見ることのできるシダの一つ.

(沖縄・那覇)

ソーラスは円盤状
の包膜におおわれる

ソーラスのついた
羽片
ソーラスはコップ状の包膜に包まれる

イシカグマ

Microlepia strigosa

暖地性のシダ。近年、関西では都市部でよく目につくようになっている。ハワイにも自生している。

（沖縄，大宜味）

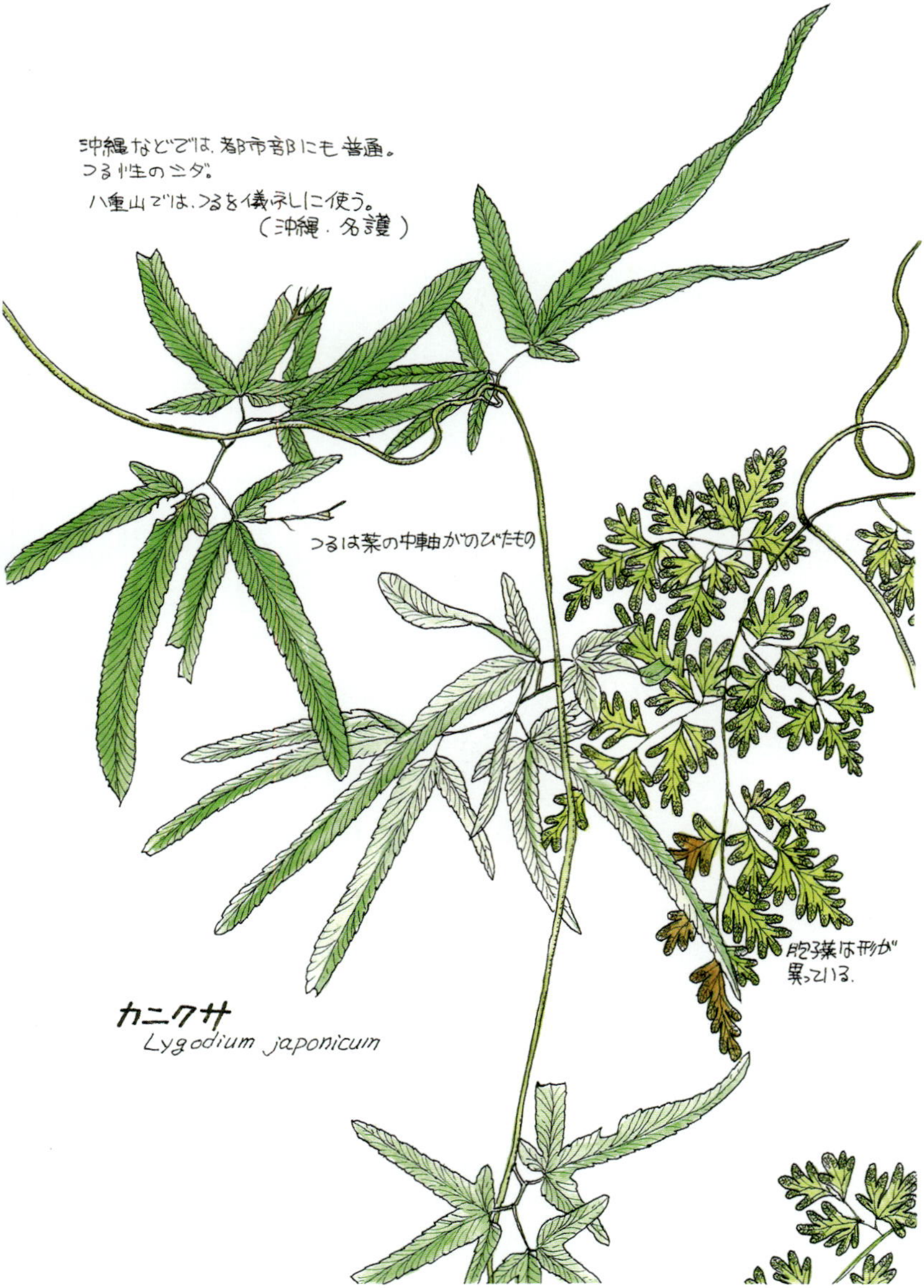
沖縄などでは、都市部にも普通。
つる性のシダ。
八重山では、つるを儀礼に使う。
（沖縄・名護）
つるは葉の中軸がのびたもの
胞子葉は形が
異っている。
カニクサ
Lygodium japonicum

シダの扉

めくるめく葉めくりの世界

盛口 満

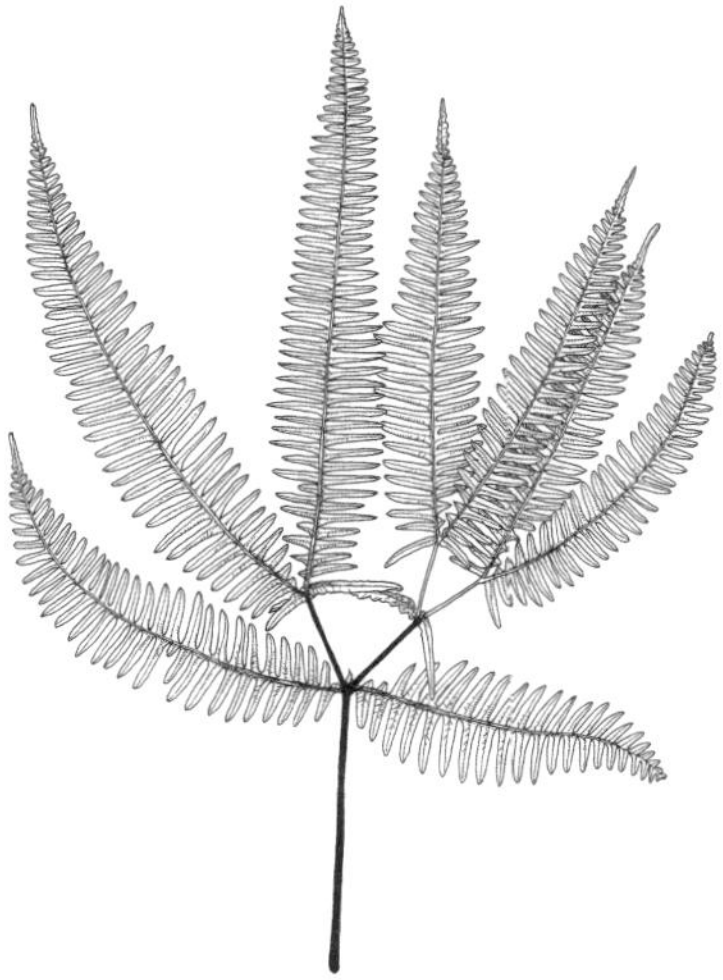

八坂書房

亡き父に捧ぐ

◎目次

プロローグ

恐竜と言ったら、どんな種類の名前が思い浮かぶだろうか？

僕は小さいころ、恐竜が大好きだった。恐竜に関する本を後生大事に持ち歩き、〇〇ザウルスといった恐竜の名前も、いくつも覚えていたものだった。けれど、その後、成長するにつれて、大好きだったはずの恐竜たちの名前もすっかり忘れてしまった。どうやら同じことが、ほかの多くの人にも言えるように思えるけれど、みなさんはどうだろうか？

僕は理科教師である。現在の勤め先は、沖縄県那覇市にある、小さな私立大学だ。

ある日、ためしに、授業で学生たちに、「知っている恐竜の名前を教えて」と、聞いてみた。返されてきた答えは、かろうじて、「ティラノサウルス、トリケラトプス、プテラノドン」というものだった。同じ質問を、小学生たちにしてみた。すると、より多くの名前が返ってくる。やはり、恐竜の名前は成長とともに忘れ去られるという傾向があるように思う。ただ、この質問をしたときに、先の三種類の「恐竜」の名に関しては、小学生だろうが、大学生だろうが、口にすることはまず間違いがない。「ティラノサウルス、トリケラトプス、プテラノドン」は、「恐竜御三家」とでも言えるような存在なのだ。

しかし本当のところを言うと、プテラノドンは恐竜ではない。僕自身、恐竜に興味を持っていた小さなころから、大人になってしばらくまで、プテラノドンは「空を飛ぶ恐竜」だと思い込んでいた。

確かにプテラノドンは、空を飛ぶ生き物なわけだけれど、プテラノドンを含む翼竜という生き物たちは、分類学的には、恐竜とは別個の生き物のグループなのである。このことを知ったときは、けっこう驚いてしまった。同じく僕が子どものころに大好きだった「恐竜」の一つに、イルカ型をしたイクチオサウルスがいる。この生き物もプテラノドン同様、正確には恐竜ではなく、別個の魚竜と呼ばれるグループに属している。

「知っている」と思っていることの中にも、こんなふうに「知っているつもり」だけのことがある。恐竜に関しては、まだ、「知っているつもり」ですませていることがいろいろあるだろう。学生たちと、次のようなやり取りをかわしたことがある。

「ティラノサウルスのエサって、何だと思う?」

「肉でしょう」

「じゃあ、トリケラトプスのエサは何?」

「草!」

「草ってどんなのだと思うの?」

「普通の雑草、そこらへんに生えているやつ」

「……」

草食恐竜のエサは、「草」。でも、どんな「草」かなんて、考えたこともないというのが学生たちの実情だ。これまた、僕自身も長いあいだ、考えたことのないことだった。草食恐竜はどんな「草」を食べていたのか? そもそも、恐竜時代には、いったいどんな「草」が生えていたのだろうか?

1章　シダへのまなざし

恐竜はシダを食べていた？

僕は理科教師であること以前に、生き物屋の一人である。

生き物屋というのは、大人になってからも、できるだけの時間や労力を生き物のために費やしたいと願う人々のことである。僕は千葉県の海岸近くの町、館山というところで生まれ育った。そのため、僕の生き物屋としてのスタートは、海岸で貝殻を拾い集めることから始まった。

生き物屋にも、いろいろな種類がある。大きく分けると、北方系と南方系という分類もできる。僕の場合は南方系で、そのため、今、沖縄という南の島に住んでいる。東京に住んでいる生き物屋の友人の一人が、「西表島《いりおもてじま》に行って、シダを見ると、熱帯に来たみたいな安心感がありますね。それと、ジュラッシックみたいな気もします」と僕に言ったことがある。イリオモテヤマネコの存在で有名な西表島は、沖縄県の中でも、より南に位置し、原生的な森も広く残されている島である。僕の友人は、年に一度は休みをとり、西表島に行って生き物を探すことを無常の喜びとしているのだけれど、その西表島のイメージの一つに「シダ」があると言うのである。シダは、「南の森」や「原始の森」に結びつくイメージがあるのだ。さらには、シダにはジュラシック…つまりは恐竜時代もイメージさせるものがあるという。

言われてみると、僕も子ども時代には、恐竜たちの背景には、木のように背がのびた大きなシダが生えていた…というイメージを持っていたような気がする。となると、恐竜たちの食べていた「草」というのは、シダだったのだろうか?

しかし、シダは、恐竜以上に、「知っているつもり」の多いものであるだろう。いや、「知っているつもり」以前の、「知らないことばかり」のものであるだろう。

シダについては、誰でも、中学か高校のどこかで、さっと習った記憶はあるのではないだろうか? 自宅の裏庭に生えているといった、具体的なイメージを持っている人もいるかもしれない。ワラビやゼンマイといった、食べられるシダのことなら思い浮かぶという人もいるだろう。ツクシもシダの一種であるというと、もう少し、

シダともかかわりがあるなと思う人が増えるかもしれない。それでも、実際、シダについて調べてやろうと思う人は多くはないだろう。

生き物屋は、大人になってからも、できる限りの時間や労力を生き物のために費やしたいと願う人々であると書いた。

生き物屋の中には、年中、虫のことばかり考えている人がいる。家中、骨が仕舞い込まれている人もいる。もちろん、シダも生き物であるから、シダを専門的に追いかけているシダ屋と呼ばれる人々も、いるにはいる。ただし、生き物屋の中でも、シダにまで手を出す人は多くない。

シダは花の咲かない植物である。かつては、コケや海藻やキノコとひっくるめて、隠花《いんか》植物という一群にまとめられていた。花の咲かないシダは、葉っぱしか目につかない。しかも、種類が違っても、よく似て見えるものが多い。だから、生き物屋の友人も「シダは、見分けられなさそうだからなぁ」と言ったりする。そして、僕自身もまた、そう思う一人であった。

自然への「扉」

『不思議の国のアリス』という有名な本がある。ある日、アリスが庭をぼうっと眺めていると、あわてた白ウサギが駆け出してくる場面から物語が始まる。「時間に間に合わない」とかなんとか言っている白ウサギを見ても、最初、アリスは驚かない（後から思い返すと、これも十分おかしなことなのだがと、述懐してある)。ところが、チョッキの中から懐中時計を取り出すウサギを見るにつけ、アリスは「こんなウサギは見たことがない」と驚いて、その白ウサギの後を追いかけてしまう。そして、白ウサギに続いて、ウサギの穴に飛び込んだアリスは…というようにして、物語は続いていく。

僕が生き物に興味をひかれる瞬間は、例えると、この『不思議の国のアリス』の冒頭の場面に似ていると思う。

アリスが最初、ウサギの様子のおかしさに気づかなかったことに、まず共感を覚えたりする。生き物屋である僕も、生き物たちのもっている謎やおもしろさに、最初から興味を持っているわけではないからだ。一口に生き物といっても種類が多い。そのため、そのすべての生き物について詳しく知っているということはありえない。それまであまりなじみのなかった生き物だと、たとえ目の前の生き物に「おもしろさ」が潜んでいたとしても、見過ごしてしまうことのほうが多いのだ。ところが、ある瞬間に、「まてよ」と思うことがある。そしてある生き物を、興味の対象として、初めて意識的に追いかけ始める。すると、それまで気づかなかった世界が周囲に広がっていることに、気づいていく…。

『不思議の国のアリス』では、ウサギの穴にアリスが入り込んでいくことで、不思議の国にたどりつく。僕が生き物の世界を見ていくときのことを思い浮かべると、日常世界には「別世界」の中に入り込むための、いくつもの「扉」が隠されているというイメージが浮かんでくる。そして、普段は、その「扉」の存在に気づいていないというような——。

アリスは白ウサギの後を追いかけて、穴に飛び込んでしまう。これまた、自分のことを振り返ると、「別世界」への「扉」の存在は「誰か」とのやりとりによって気づかされることが多い。あるときは、ナメクジに特別の興味を持っている女子高生が白ウサギの役目を果たしてくれたし、べつのときは野菜が大キライな友人の生き物屋が、野菜の世界へと入り込む「扉」の存在をあらわにしてくれた。

僕たちの周りには、そんなふうに、さまざまな「扉」がある。シダという植物を通して初めて見えてくる「別世界」もきっとあるのだろう。つまりは、どこかにシダの「扉」なるものがあるはずだ。思い返してみると、シダの「扉」に関して、僕はうすうす、その存在には気づいてはいたのかもしれない。しかし、僕にとって、シダの「扉」を開け、中に入ることは難しいことだった。

シダの「扉」を開け、中に飛び込むためには、「誰か」の存在が必要だった。結果として、僕にとっての、その「誰か」とは、種子島に住む、一人のおじいさんだった。

「扉」を開けて、中に入り込んでいく話の前に、まず、「扉」を開けられなかったころの、僕とシダとのかかわりについて話をしておこうと思う。

シダとの出会い

小さなころの僕は、貝殻拾いから、生き物屋としての第一歩を歩み始めることになった。父に連れて行ってもらった海岸で、ふと足元にいろいろな貝殻があるのに気づいたことがきっかけだった。これが、僕にとって初めての、日常に潜む「別世界」へ入り込むための「扉」だった。

「なぜ、こんなにいろいろな貝殻があるのだろう?」

それが、僕にとっての驚きであり、その驚きが貝殻を拾い続ける原動力ともなった。大人になった今になって振り返れば、僕は貝殻を通じて、生き物の世界の多様性に目覚めたのだと言える。

同じように、ある日、海岸の流木の上に群がる虫たちを見たことから、虫の世界にも多様性があることに気づき、僕は虫の世界へ入り込むための「扉」も押し開けた。さらに、小学校四、五年生の春、父に近所の山に連れて行ってもらったのがきっかけとなり、植物にも興味をひかれるようになった。

父に山へ連れて行ってもらった日、僕は一つのシダに出会った。シダ自体は、実家の庭にも生えているような植物だ。しかし、シダに、それまで特別な興味をいだいたことはなかった。この日、シダに目がいったのは、普段見かけるシダとは姿が異なっていたからである。シダというのは、普通、一枚の葉が複雑に切れ込み、細かなパーツにわかれている（このパーツを「羽片《うへん》」という）。ところが、この日見たシダは、まるで一枚の大きな常緑樹の葉であるかのように、まったく切れ込んでいない葉をもっていたのだ。

僕はそのシダを根っこごと持ち帰り、庭の一角に植えた（高校を卒業するまで、そのシダは細々とではあるが、庭に生えていた）。ヒトツバという名前のこのシダが、僕にとっての、シダを意識した始まりだ。僕は、それと気づかずにいたけれど、シダの「扉」の前に立ったのだ。しかし、シダの「扉」を僕は開けることはなかった。いや、その「扉」は、おそろしく重そうで、押し開けられそうもなかったのだ。

シダの「扉」が重く感じられたのは、目にするシダの名前を調べるのが難しかったからである。図鑑を開いても、小学生の僕には、難しすぎて手も足も出なかった。それでも、シダは心のどこかに引

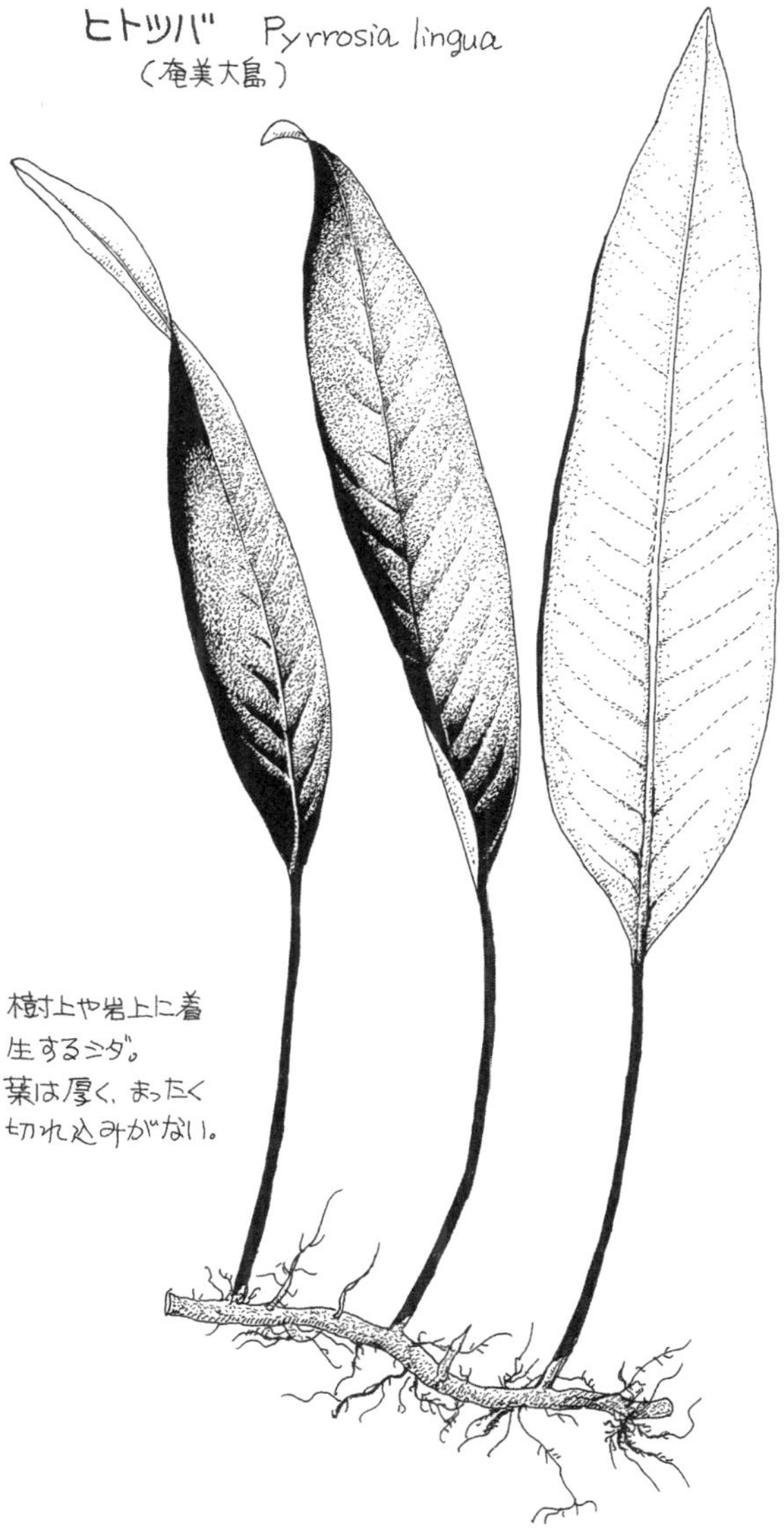
ヒトツバ　Pyrrosia lingua
（奄美大島）
樹上や岩上に着
生するシダ。
葉は厚く、まったく
切れ込みがない。

っかかった。シダは葉しかもたない植物だ。へそ曲がり的な性格のある僕は、花の咲く植物よりシダのほうに、なにかかっこよさのようなものを感じていた。

高校時代、再度、シダの「扉」の前に立つ機会が訪れた。僕の父は、地元の高校の化学の教員をしていた。その父の学校に、あらたな生物の教員が赴任してきたのである。話を聞くと、シダを専門に研究している先生であるという。さっそく、父の紹介で、自宅まで訪ねて行った。

引っ越し早々で、家の中は、段ボール箱の荷物も、完全には片づいていない状態だった。まだ若い先生は、その段ボール箱の一角を指して、その中にシダの押し葉標本がぎっしり入っているのだと言った。さらに、おもむろに、「シダの中でもイノデの仲間は雑種がね…」といった話をし始めた。

花の咲かないシダは、葉の特徴だけで名前を調べなくてはならない。だから、素人にはみな似たり寄ったりに見えてしまう。ところが、その若い先生はさらに、シダのグループによっては「近縁種同士による雑種が形成され、この

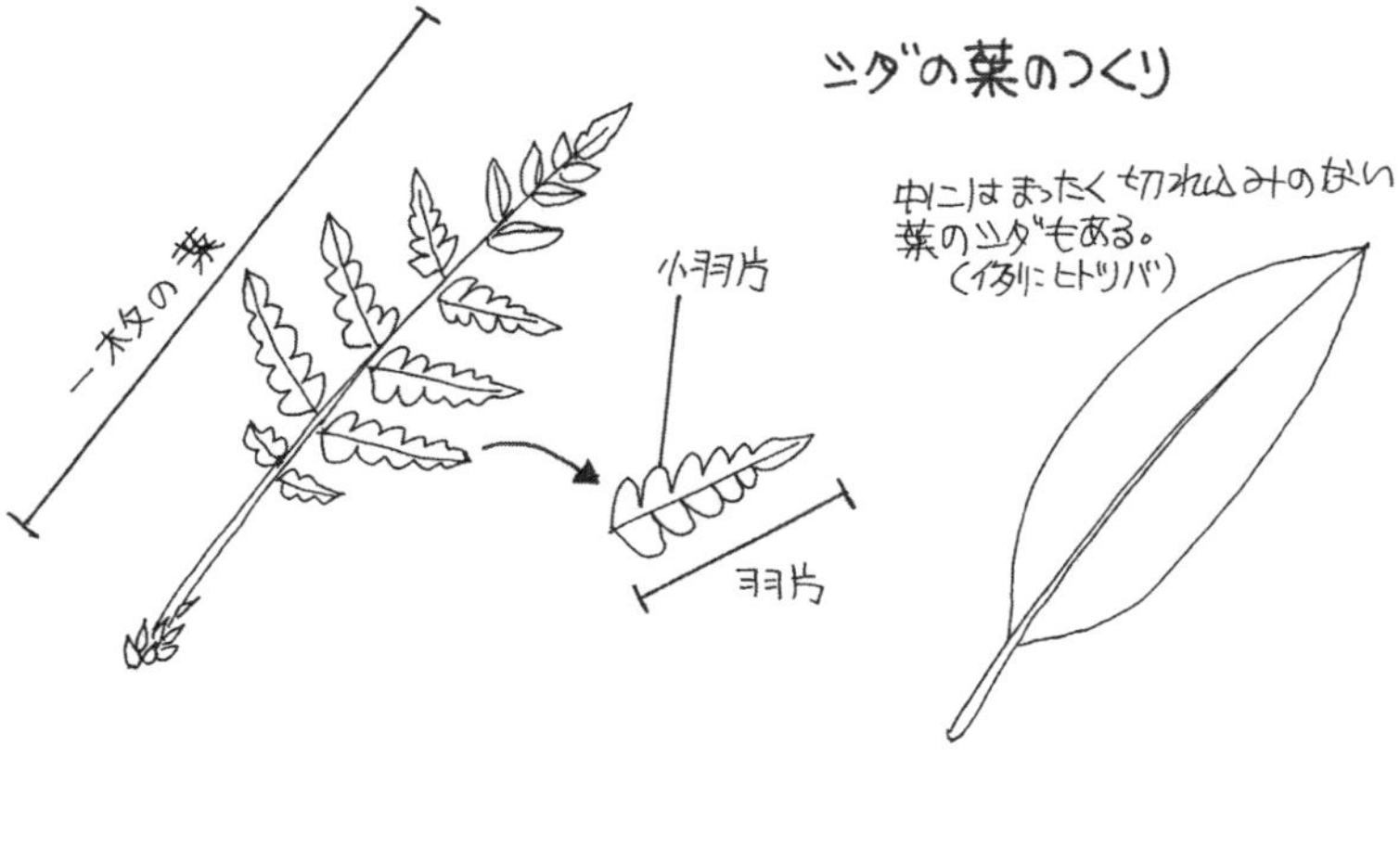

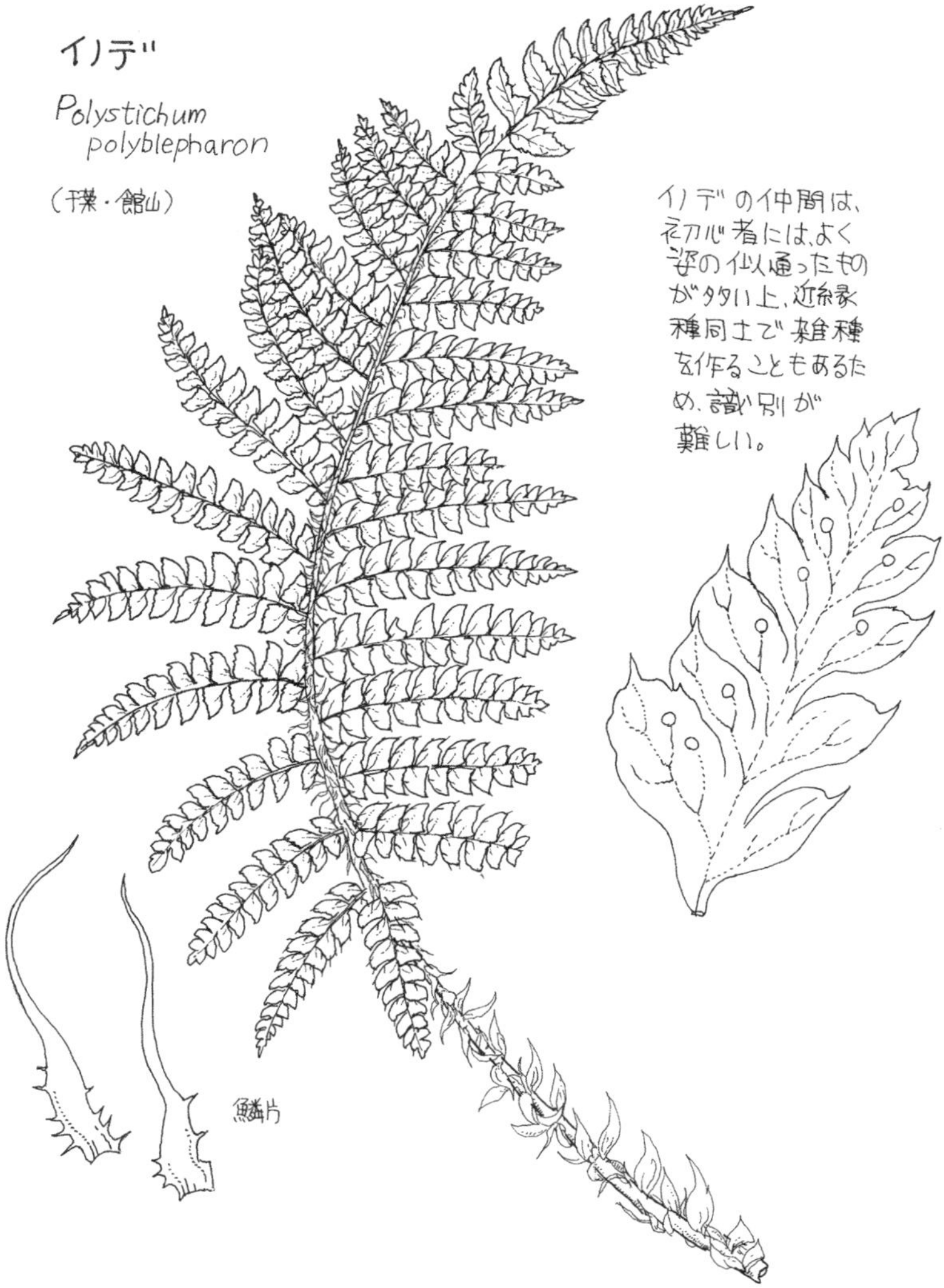
イノデ
Polystichum polyblepharon
（千葉・館山）
イノデの仲間は、初心者にはよく姿の似通ったものが多い上、近縁種同士で雑種を作ることもあるため、識別が難しい。
鱗片

識別が難しくて…」という話をし始めたのである。僕は、いきなりのこんな話に、たいそう面喰ってしまった。

今思えば、この先生は、シダ屋だったのだ。そして、シダ屋としては当然の対応をしただけなのだと思える。僕を一人前の生き物屋と認めての話だったのかもとも思う。

たとえば、生き物屋の中で、一番人口の多いであろう虫屋は、会えば互いに、一般の人にはおよそなじみのない「珍虫」(見つけるのが難しい虫のこと)の話をえんえんと続けて、飽くことがない。一方で虫屋は「駄虫」に対しては冷淡である。「駄虫」とは、どこにでも沢山いるような虫のことである(モンシロチョウを死に物狂いで捕まえる虫屋はそういない)。

シダ屋も同じである。シダ屋の血を熱くするのは、見つけるのが難しい「珍種」や見分けるのが難しい「難物」だ。そんな例の一つが、雑種であったりする。シダ屋も、そこいらに生えている「駄シダ」を熱く語ることはないはずだ。しかし、シダの「扉」の前でまごついている高校生にとって、「雑種の見分け方」の話はあまりにも濃すぎた。シダの「扉」を開けるどころか、僕は「扉」から後ずさってしまったのだった。

僕は大学進学にあたって、理学部の生物学科を選んだ。

生物学科に入学したからには、貝や虫の生態を研究したいと思っていた。ところが、僕の入学した大学では、森林生態学しか扱っていないことを、入学してから知った。けっきょく僕は、森を研究対象とすることになった。

それでも思いがけないことはあるもので、大学三年次には、丸二か月、屋久島の山中で植物調査をしてすごす機会をえた。このとき、また少しだけシダの「扉」と接近することになったのだ。同時期に、分類の専門家として、シダ屋のM先生が入山していたのである。僕はこのM先生に、自分の調査地のシダの名前を教えてもらった。シダへの興味は、まるっきり消え去ったわけではなかったのだ。しかし、それも屋久島調査のあいだだけのことだった。シダの「扉」は、このときも開くことはなかった。

開けてはいけない「扉」

大学卒業後、僕は埼玉にある私立の中・高一貫校の理科教師へと就職した。この学校が大変ユニークな教育方針の学校だった。

教育方針を一言でいうなら、「授業がすべて」ということになる。生徒たちが学校の中で一番多くを費やす時間が、授業の時間だ。授業の中身を工夫することで、生徒たちが生き生きとした学校生活を送れるようにし、各々の生徒たちが新しい自分を作っていく手助けをするのが、この学校の根本的な理念だった。そのため、試験や通知表で生徒たちを教室に縛りつけるのではなく、授業の内容で生徒たちをひきつけることが教員に要求された。これは、大学新卒の教師にとっては、かなりの難問である。よく、教壇で立ち往生する夢を見て、うなされたものだった。

ところが、何度も授業を重ねるうち、授業づくりのコツが見えてくる。授業づくりのコツというのは、「生徒の常識からはじまり、生徒の常識を超える内容になっていること」。たとえば、虫を教材にした場合で考えてみる。教材として、生徒たちの知らない虫を扱っても、授業は成立しにくい。生徒たちが知っている虫を教材として扱いながら、思ってもいなかった内容がその中から見えてくれば、授業づくりとしては成功なのだ。具体的な例を一つあげると、虫を教材とした場合、ゴキブリは教材としては最適なものと言える。これほど知名度の高い虫は、そういないからだ。しかも、知名度が高いわりには、その実態は知られておらず「生徒の常識を超える内容」を生み出しやすい。

生き物屋はさまざまな種類分けができるけれど、僕は教員を続けるうち、生き物屋の中の、授業屋という肩書を持つようになってしまった。すなわち、教材となる生き物に対して、特別な興味を持つ生き物屋ということだ。授業屋からすると、ゴキブリは教材化しやすく、特別な興味を持つ虫と言える。同じように、哺乳類にも、植物にも、授業屋の観点から教材化しやすい生き物というものがある。たとえば、植物で言えば、ドングリは魅力的だ。ドングリは知名度が高く、動物とのかかわりも深く、調理次第では食べることもできる。逆に、どうにも教材化しにくいものは、授業屋としては、近寄るのを遠慮してしまう。そんな、授業屋にとって扱いにくい生き物の一つにシダがある。

しばらく教員をしているうち、「寝た子を起こす授業の3Kの法則」というものも、僕は見つけ出した。

3Kというのは、「食う」「怖い」「気持ち悪い」の頭文字だ。食べ物を扱った授業は生徒に人気である。理科はものを扱う学問である。ものと一番原初的に触れ合う方法は、食べることだろう。だから、この食べることは、単純に、生徒の興味を引く以上に、意味があると思う。「怖い」「気持ちが悪い」というのも、ものとのふれあいにおいて、身体的な感覚に通じるものだ。僕が授業に骨格標本を多用するのも、生徒たちのこうした感覚に訴えてのことである。

シダのうち食べられるものは、ワラビ、ゼンマイなど、ごく種類数が限られている（食べることのできる時期も限られている）。身近に見かけるシダは、まず食べることができない。さらに、シダには猛毒を持つようなものもない。

結局、シダには生徒たちを振り向かせる要素がほとんど見受けられないのである。だから、教員になってからも、僕はシダの「扉」には近づけなかった。むしろ教員になったことで、シダの「扉」は開けてはいけないものなのだとすら、思うようになっていた。

沖縄へ

今振り返ると、僕が、シダの「扉」へと近づき、押し開けることになる大きな転換点は、おそらく埼玉の学校を退職し、沖縄へ引っ越したことにある。埼玉の教員時代、現代っ子である高校生たちに、理科をどう教えるのかで、僕は四苦八苦していた。

「なんで自然のことなんか、知る必要があるの？」

端的に、そんなふうに、僕に尋ねる生徒もいた。

「自然のことを知る必要はあるのか？」

生き物屋であり、理科教師である僕にとっては、その問いは自明のものと思っていた。しかし、あらためて問われると、僕はうまく答えられなかった。そして、その問いを解くためのヒントが、休みを利用してよく遊びに出かけた沖縄で出会ったお年寄りの話の中にあるように思えてきた。南方系の生き物屋である僕は、最初のうち、南の島の珍しい生き物を追いかけて、沖縄へと出かけていた。が、そのうち、僕は、沖縄の人と自然のかかわりに強い興味を持つようになったのである。

僕は一度、私立高校の教員という仕事に区切りをつけ、「自然のことを知る必要はあるのか?」という疑問を、あらたな場でゆっくりと考えてみることにした。

フリーの教員。沖縄移住後、しばらく、僕の生業は、そのようなものだった。週二日は知人が那覇に開設したフリースクールの非常勤講師。週一日は、私立大学の非常勤講師。それ以外の時間は、要望があれば、県内あちこちの小学校の特別授業や、県外の図書館や博物館のイベントにでかけて「授業」をした。

そんな僕のところへ、那覇にある小さな私立大学の教員から、突然電話がかかってきたのは、沖縄に引っ越して六年が過ぎ、四月も半ばを過ぎたころだった。てっきり、新しい非常勤講師の話だと思い込んでいた。だから、電話の後、あらためて大学の教官室を訪れた際に、「専任の教員に応募しませんか?」と言われたときは、あっけにとられた。

「柄ではない」

それが、真っ先に思い浮かんだことだった。ところが、話を聞くうちに、心が動いてしまった。その理由は二つあった。一つは、研究室が与えられるということで、自宅にあふれかえった、大量の標本置き場としては、かなり魅力的な話と思えた。もう一つは、単純にやったことがないから面白いかもと思ったことだった。結果、できるかどうかは別として（さらにはその前に、採用されるかどうかは別として）、専任教員として応募をしてみることにした。翌年の二月、僕の採用が決定したという正式な通知をもらう。

四月がやってきた。右も左もわからない、大学の新米教員としての一年目が始まった。

フリーランスから七年ぶりの再就職である。最初は、毎日定時におきて、大学に通えるかどうかも、不安だった。最近の大学は懇切丁寧である。入学早々、新入生のオリエンテーションが、一泊二日の日程でプログラムされていた。この行事は、僕にとっても、大学の専任教員として、初めて学生たちと相まみえる場となった。

「どんな教科が好きなの？」

僕は、自分の割り当てとなった新入生たちに、そんなことを聞いてみた。新設された学科は、小学校の教員免許が取得できることを売りにしている。当然、新入生たちのほとんどは、将来、小学校の教員をめざしている者たちだった。

「音楽」「体育」「国語」エトセトラ。

新入生たちが口にする「教科」を聞いて、暗然たる思いとなった。「理科」と口にしたものは、ただ一人もいなかったのである。

剥いていいのはバナナまで

大学教員として、四苦八苦しながら、一年が過ぎた。

新入生たちも、二年生となっていた。その二年生対象に、ゼミが始まる。入学当初、「理科が好き」という新入生には出会えず、ゼミなんて始めても、誰も選んでくれないのではないかと思ったのだけれど、ちゃんとゼミ生はやってきた。しかも、なぜだかわからないが、僕のゼミを選んだ学生は、一人を除いて、女子だった。ゼミ生の顔ぶれを見て、「どうにも、生き物が好き…とは思えなそうなんだけど」と、不安がよぎる。実際、ふたを開けてみたら、ゼミ生の一人には、学年一の「虫嫌い」の女子学生まで、まじっていた。

半年ほど過ぎたころのことである。

たまたま本土の知人から果物のカキが送られてきた。実際に住んでみると、沖縄と本土では、さまざまなところで違いがあることに気づく。たとえばカキ。沖縄にカキがまったく生えていないわけではないけれど、沖縄ではカキは「秋の風物詩」とは思われていない。身近な果物ではないのだ。そこで、ゼミ生たちにカキを差し入れすることにした。ちょっと珍しいから喜んでくれるかなと期待して。

ところが。ゼミ生たちは、まるで喜ばなかったのだ。いわく、「剥くのがめんどくさい」。これを聞いて、「ええっ？　リンゴやナシだって、皮を剥いて食べるでしょう」と驚いてしまう。

「誰かが剥いてくれたら食べるよ」

「ええっ、何それ。じゃあ、ミカンは？」

「ミカンもめんどくさい」

「剥いていいのは、バナナまで」

なんてことだろうと思ってしまう。どうも話を聞くと、包丁で果物や野菜の皮を剥くこと自体、日常、ほとんどないよう。このまま放置しておくのは、教育的に問題があると思って、この日のゼミは、包丁を使ってのカキの皮剥き教室を開催することにした。するとゼミ生たちは、あくまで、めんどうくさそうに包丁を手にした。

「そのうち社会人になったら、自炊するでしょう。包丁が使えなかったら、困るよ」

そんなふうに、叱咤する。

「困らないよ。だって、千切りにした野菜とか売ってるさー」

「そのうち、もっと、便利なものが売られるようになるよ」

ゼミ生たちの反撃に、しばし絶句してしまう。しかしよく考えたら、ゼミ生たちの言うほうに分があるようにも思えてしまう。確かにすでに、剥いたり切ったりした野菜や果物は、普通にスーパーに売られている。そうした加工品があってこそ、お金が回る世の中になっているのだ。つまり、包丁を使わなくさせているのは、「社会」のほうだ。ゼミ生たちは、そんな「社会」に教育された、しごく素直な若者たちなのだと言うこともできる。

生徒や学生たちは、「社会」を映す。学校は「時代」の前線なのだ。釈然としない部分は残りつつも、僕はそのことを、ゼミ生たちに教わった思いがした。

注意してみると、同じようなやりとりは、何度も繰り返された。ゼミ生に、「毎日の食事のメニューの中から、原料となっている植物名を拾い出してごらん」という問題を出したときのこと。「沖縄そばのだしにはカツオブシが入っている」と発言したゼミ生がいた。

「植物質の原料の名前を言うんだってば」

「えっ？　だって、カツオブシって、木の皮でしょう」

この発言にまたもや絶句してしまう。カツオブシの木って、いったい、どんなもの！

さらに、この話には後日談がある。しばらく後のこと、彼女は、別の学生の手を引き、僕のところにやってきた。いわく、「センセイ、Aもカツオブシは木の皮だと思っていたよ」と、注進にやってきたのだ。少なくとも、カツオブシを木の皮と思っている学生は一人ではない。

「だって、あんなに硬いんだよ。魚なんて思えない」

「それに、カツオブシが魚でできているって、誰も生まれつきは知らないでしょう？　生まれた後に、誰かに教わるんじゃないの」

口々に、そう、言う。つい、笑ってしまったのは、次の一言だった。

「そりゃあ、カツオブシの袋に、カツオの絵が描いてあるのは知っていたよ。でも、キャラクターだと思っていた」

彼女はそんなふうに、言ったのだ。このやりとりで、思ったことがある。別に、カツオブシの原料がカツオであることを、知っていても、知らなくても、暮らしていくのには、まったく不便はない世の中なのだ、と。

「なんで自然のことなんて知る必要があるの?」という問いに対する答えのヒントを見つけようと引っ越してきた沖縄の地で、僕は再び強烈に、その問いを浴びせかけられた思いがした。

「どこ」から「どこ」へ

シダの話をしているつもりが、ついついカツオブシの話になってしまった。

しかし、こんな学生とのやりとりが、僕をシダの「扉」に近づけることになったのだ。僕は学生たちとやりとりをしているうちに、現代社会に生きる若者たちは、自然体験を奪われてしまっていることを、強く感じた。一方で、沖縄で出会う年配の方々に話を聞くと、つい数十年前まで、日常生活の中で、人々と自然との濃い関係が結ばれていたことに気づかされる。

たとえば、カツオブシの話で言えば、こんな話を聞いた。沖縄島北部・やんばるの奥《おく》集落出身であるクニマサさんは、沖縄の人と自然とのかかわりを教えてくれる、僕にとっての先生の一人である。

クニマサさんは、長く、気象台の職員として働いた経験から、自然に広く興味をもっている。そのため、僕があれこれと生き物について尋ねても、いつもにこにこしながら「僕が小さいころはね…」と教えてくれる。

奥集落は、農業が主体の集落だった。一九四八年に生まれたクニマサさんが子どものころには、カツオブシなんか、買えなかった…という話だった。代わりに味噌汁のだしには、海の小魚の干物を使った。

夜、おばあさんがたいまつを片手に潮の引いた海に行き、眠っている小魚を素手で捕まえてかごに入れていく。その魚の内臓を抜き、囲炉裏端で干し、それがだしに使われた…そんな話だ。いったい、眠っているとはいえ、小魚を素手で捕まえられるのかというのが、僕の実感のおよばないところだ。

与那国島《よなぐにしま》出身のエミコさんにもよく話を聞きにいく（おかげで僕は、エミコさんのところのニセ三男と呼ばれている）。エミコさんは、若いころはダンパチヤ（床屋）を営んでいた。そのため一度など、家を訪ねたら、うむを言わさず風呂場に連れ込まれ、髪を切られてしまった。無精者である僕の髪の毛が、放っておけなかったのだ。こんな世話好きのエミコさんの家を訪ねると、必ず夕飯までごちそうになってしまうのだけれど、これがまた、たまらなくおいしい。

エミコさんは一九三七年生まれ。そのエミコさんにもカツオブシの話を聞く。与那国島にはカツオブシ工場があった。小学二、三年生のころ、カツオブシを作るのに必要な薪を頭に乗せ、夜中の一二時ごろにカツオブシ工場の前にならんだという。薪と交換に、カツオブシづくりには不要なカツオの頭をもらえるからだったという。小学二、三年生の女の子が、夜中に…である。当然、カツオブシ自体は高級品だった。エミコさんは小さなころから、仕事でいそがしい母親に代わって、弟たちの食事を世話していたのだが、エミコさんが夕飯のおかずとして作った汁の一つが、畑のカタツムリを使った汁だったとも言う（カタツムリがだしになったのだ）。

こうした僕より年配の方々の体験談と、学生たちの発言をともに聞いていると、僕たちは、ひどく短期間に、暮らしを大きく変えてしまったことに気づく。それは、本当に驚くほど、短いあいだにおこったことだ。反面、あまりに短時間での変化だったため、今は、その「変わる前」と「変わったあと」の話がともに聞けることにも、ふっと気づいた。これは貴重なことかもしれないと思う。年配者の話と、学生たちの話をともに聞くことで、僕たちは、自分たちが「どこ」からきて、今、「どこ」にいるのかに気づくことができるのだ。

僕は、大学の教員になってから、あらためて沖縄の年配の方々に、昔の話をうかがうことの必要性を感じるようになった。かつての人と自然のかかわりの話を聞き集めることの中から、現代社会を生きる学生たちに伝えることのヒントが見いだせるかもしれないと思ったからだ。その中で、特に重点をおいたのが、植物の利用についての話だった。

ヤギの記憶

沖縄島北部・やんばるの奥集落出身のクニマサさんがいつものように、昔話をしてくれる。

「僕らが小さいころは、小学校に入学すると、親がヤギの子を世話しなさいと子どもに渡すわけ。エサを採るための鎌とバーキ（ザル）も渡してね。そのヤギを自分で育てて、売ってお金にして、学用品を買いなさいということなんだよ」

ところが…と、話は続く。

「これが、売るまで飼いきれないんだ。三年生ぐらいになると、親がいないときに、友達同士で集まって、ヤギを解体して食べちゃうんだよ。これ、親が後で気がついても、何にも言わなかったけどね」

すごい話だと思う。今だったら、問題になるんじゃないだろうか？　でも、やっぱりすごい。昔の小学生はたくましい。

ヤギはむろん、ペットではなく、家畜だ。沖縄では、行事のときなどに、ヤギを刺身や汁にして食べる風習がある。クニマサさんの子ども時代、ヤギは自分たちでさばいて食べるのが当たり前だった。ただ、それは大人社会の話で、子どもには肉はまわってこず、せいぜい、足先の骨をもらってしゃぶるぐらいのものだったという。だからヤギ肉は、あこがれであったのだ。

クニマサさんの子ども時代、中学校の卒業式の後、同級生でお金を出し合って、ヤギを一頭買って海岸にキャンプにでかけるのも習わしであったそうだ。自分たちで買ったヤギをさばいて、自分たちで食べる。これは一種の通過儀礼のようなものなのだろう。かつて、ヤギは身近な存在だった。そしてその世話を担ったのが、子どもだった。

「ヤギは汁を出す葉っぱが好きだよ」

クニマサさんと山を歩いているときに、そんなことも教わった。汁を出す葉っぱというのは、クワ科のイヌビワの仲間の木の葉のことだ。近縁のイチジクもそうだが、イヌビワの仲間の葉をちぎると、傷口から、白い汁が出る。沖縄にはこのイチジクの仲間に、イヌビワのほか、ホソバムクイヌビワやハマイヌビワ、オオバイヌビワなど何種かの木々が見られる。ガジュマルもこのイチジクの仲間で、やはり傷口から白い汁を出す。

イヌビワはミミクンダ

ホソバムクイヌビワはハチコーギー

ハマイヌビワはアッタニク

それぞれの木は、クニマサさんの出身である奥ではそんなふうに呼ばれていたそう。

「冬は草がないから、こうした木の葉っぱをエサにあげたんだ。これが担ぐと、重たいんだよね。冬の草のないとき、草刈にいった子どもたちは、棒を地面に立てて、それに鎌を投げて当てて遊ぶんだ。これは、賭けなんだよ。一番うまいやつが、下手なやつの刈った草をもらえるというね。鎌を投げるのが下手なやつは、みんな草を取り上げられてしまったよ。小学校一年生から家畜のエサの草刈をするんだけど、一年生から三年生までは、バーキ（ザル）一つ分の草を刈る。四年生になったらバーキ二つ分。これを天秤で担いでね。中学生になったら、モッコみたいなのに草を入れて、それを両端が尖った棒で、棒の両端に突き刺して担いで運んだんだよ…」

ヤギはイヌビワの仲間の葉を好んで食べたけれど、一番好きな草は、ウベーグサと呼んでいた、イラクサ科のカラムシであったとも、クニマサさんは言う。

クニマサさんの話を聞くと、人はかつてヤギを通じて植物と、深い関係を持っていたと思えてくる。そこで、あちこちでヤギのエサについて聞き集めてみた。すると、たとえば、ヤギが好きな木の葉の一つとしてあげられたハマイヌビワは、各地でさまざまな呼び名があることが見えてきた（表1）。

同じ植物に、これだけ違った名前をつけることが、おもしろい。生き物の魅力は一言でいえば「多様性」にある。が、生き物を見る人間にだって、多様性があるのだと思えてくる。さらに、話を聞くと、その名前だけでなく、利用方法についても、集落ごとに差があった。

沖縄島南部・仲村渠《なかんだかり》では「ヤギに子どもが生まれると、これをあげるとよく乳が出ると言って…。ヤギを飼っている人には貴重な木でしたよ」という話を聞けた。一方で、奄美大島の摺勝《すりがち》で聞いた話は「ヤギもウシも食べますね。でも、それほどはあげません。アリキャネクを食べさせる人は、ヤギ飼いのうまい人じゃありません。たくさんは食べないですから」というものだった。

こうした違いは、ほかにどんな植物が利用できたかということの違いによっているのではないかと思う。たとえば、波照間島の方から聞いた話は「ヤギは確かにハマイヌビワが好物なのですが、昔の

表1　琉球列島におけるハマイヌビワの地方名

アリキャネク	奄美大島・摺勝
アッタニク	沖縄島・奥
アンマーチーチー	沖縄島・知花
アンチャナクー	沖縄島・仲村渠
アリンガフ	石垣島・登野城
アリドゥー	波照間島

人が、一番、ヤギに食べさせていたのが、チョーメイソウ（セリ科ボタンボウフウ）と、ヒメクマヤナギです」というものだった。ところが、一方で沖縄島南部・仲村渠では、ヒメクマヤナギを、見たことがないのである。

エサになるシダ

こんなふうに、かつての植物利用を聞き書きしている中で、シダの「扉」が、またひょっこりと僕の前に姿を現すことになる。

九州の南端、鹿児島の沖合から、台湾にかけて連なる島々のことを琉球列島と呼ぶ。さらにそれらの島々は、一番、鹿児島に近い種子島・屋久島などを中心にした北琉球、奄美大島・沖縄島といった島々からなる中琉球、宮古島・石垣島や西表島、さらには与那国島などの島々を含む南琉球に分けられる。沖縄島を中心として、植物利用の聞き書きをしているうちに、僕は北琉球の島々である屋久島や種子島の年配者の話も、ぜひ聞いてみたいと思うようになった。あるきっかけから、その思いがかなう。屋久島と種子島にだけ分布する絶滅危惧植物にヤクタネゴヨウというマツの木の仲間がある。種子島のヤクタネゴヨウ保全の会が、島の子どもたちにヤクタネゴヨウを含めた島の自然についての学習会を企画したおり、僕に「授業をしてもらえないか?」と声をかけてくれたのだ。

授業は植物学者のH先生がマツとはどんな植物かという話を一時間して、つづいて僕がマツボックリを教材としながら、植物と動物のかかわりの授業を一時間した。そのあと、実際にヤクタネゴヨウの生えている林の見学にでかけた。ヤクタネゴヨウはもともと自然林の中に生えている木なのだけれど、このとき僕らが見学に行ったのは、杉林の一角に植栽されたヤクタネゴヨウだった。その杉林を管理しているのが、カケイさんだった。

カケイさんは祖父の代に、静岡から種子島に入植したのだという。一九三六年に生まれたカケイさんは、ずっと農業と林業にたずさわってきた。カケイさんはとても奥ゆかしい人だ。山仕事について話を聞いていると、「木はものを言わんけど木に教わります」と語るような人なのである。

そんなカケイさんと杉林の林道を歩きながら、植物の利用の話を聞いていたときのことだった。

「これはネーバといって、家畜の食べる草です」

そう言って、カケイさんは、道端の「草」を指さした。

驚いたのは、その「草」がシダであったことだ。

シダが家畜のエサになるなんて、僕のそれまでのイメージにないことだった。

「これはよく似ていますが、家畜は食べません」

続けて、ネーバと呼ばれたシダの近くに生えていた別のシダを指して、カケイさんはそう言った。

困ったことに、このとき僕はシダの名前をほとんど知らなかった。幸い、植物学者のH先生もいっしょだったので、すぐにシダの名前を教えてもらえる。

ネーバはホシダ（口絵）。ネーバの近くに生えていて、エサにならないものはイシカグマ（口絵）。

カケイさんは、ほかにもオオイワヒトデやシロヤマシダの仲間（このシダは似ているものが多いの

オオイワヒトデ
Colysis pothifolia
(沖縄・那覇)
「家畜の食べるシダ」の一つ。

で、H先生もその場ですぐに種名を決定できなかった）は、ホシダ同様、家畜のエサになると教えてくれた。

シダの「扉」は僕にとって近づきがたく、また、たとえ近づいたとしても重く、とうてい開いて中に入れるとは思えないものだった。

しかし、「シダは種類を見分けるのが難しいから、シダに興味を持つことも難しい」というのは、一種の思い込みであったのだ。たとえば、シダを見分けるときに、「家畜が食べるシダ」と「家畜が食べないシダ」なんていう見分け方も「あり」なのだということを、僕はカケイさんに教わった。まさに、目からうろこが落ちたような思いがする。

さっそく、沖縄に戻って、クニマサさんに聞いてみる。

「そう言えば、シダをヤギに食べさせることはなかったなぁ」

クニマサさんは、こんな返事だった。沖縄島では種子島と異なり、シダは全体として「家畜に食べさせないもの」であったのだろうか？　が、先に見たように、植物利用については、島や集落ごとに違いがある。エサとしてのシダの利用についても、地域差はあるだろう。調べてみると、沖縄でもホシダを家畜のエサとして利用した時代、もしくは地域はあったよう。古い新聞を見ていたら、『沖縄タイムス』（一九八一年一月一七日）の「琉球のシダ植物」（島袋守茂）に、ホシダが紹介されていて、そこには「子どものころヤギの草刈りなどで、ほかの草とともに刈り込んだものです」とあるからだ。

「今」を生きる生徒や学生たちとやり取りをする中、「かつて」をたずねて年配者の話を聞く。そんな中、気がつけば、僕はシダの「扉」を開け、中に入り込んでいた。

2章　神々のシダ

シダの利用

種子島のカケイさんの家で話を聞いていたら、奥さんの手作りのお菓子がそっとさしだされた。ツノマキと呼ばれる、昔からのお菓子であるという。ダチクと呼ばれる、ススキのお化けのような姿をしたダンチクの葉で巻いたモチで、素朴な味がする。

モチを作るにはモチ米を原料とするのだけれど、これにはいくつかの作り方がある。一つ目は、モチ米を蒸して、臼と杵でつくというものだ。お正月の餅つきがこれにあたる。二つ目は、モチ米を生のまま粉にひいて、この粉を水で練って餅状にし、それを蒸すという方法。沖縄でムーチーと呼ばれるお菓子はこうして作られる（そのため、沖縄では、いわゆる餅つきがない）。三つ目は、モチ米をアク汁（木の灰にお湯を注いで作った汁）で煮て、アク汁のアルカリ成分によって米粒をモチにするという方法である。鹿児島県のアク巻などが、こうした製法で作られたモチだ。種子島のツノマキも、この三つ目の作り方によるモチである。

カケイさんによると、ツノマキは本来、お盆に作るお菓子なのだと言う。ツノマキを作るにはアク汁を作る必要があるが、普通の木の灰では、アルカリ性が弱いので、マテ（マテバシイ）とかカシの木を選んで灰にしたそう。その灰をザルに入れ、その上から熱湯を注ぎ、アク汁を作るのだが、ザルの上に直接、灰を載せると、アク汁の中に、灰が混じってしまう。そのため、ザルの上に、ネーバ（ホシダ）の葉を敷いて、その上に灰を載せたのだそうだ。カケイさんの、こんな話を聞くと、シダには、思っていた以上に、さまざまな利用法があるのではと思えてくる。

カケイさんの話の中には、ホシダ同様、家の周りで普通に見られるタマシダも登場した。タマシダには、根本に玉がある（水分を貯蔵する玉状の器官で、こうしたものを持つため乾燥に耐えられる。もちろん、タマシダという名前はこの玉に由来している）。このタマシダの玉を、子どものころはビー玉代わりにして、遊んだという話だ。この玉は、ネコノキンタマと呼ばれていたそうだ。

おもしろいと思う。

かつての人々は、ほとんど利用価値がなさそうに思えてしまうシダにすら、いろいろな利用法を見出していた。つまり、シダの利用を聞き集めることは、人々と自然が深い関係性をもっていた証になるのでは？　と、僕には思えた。言い換えると、人々が自然に対して持っているまなざしが、シダの利用の話から見えてくるのではなのではないかという仮説をもったのだ。そう思うと、どんなささいな利用法でも、シダと人とのかかわりという点に関しては、聞き逃せない。

こんな思いが、僕にとって、シダの「扉」を開けるきっかけとなった。こうなると、シダのことが気になってしかたがない。さっそく、クニマサさんに会ったときに、タマシダの玉を使って遊ばなか

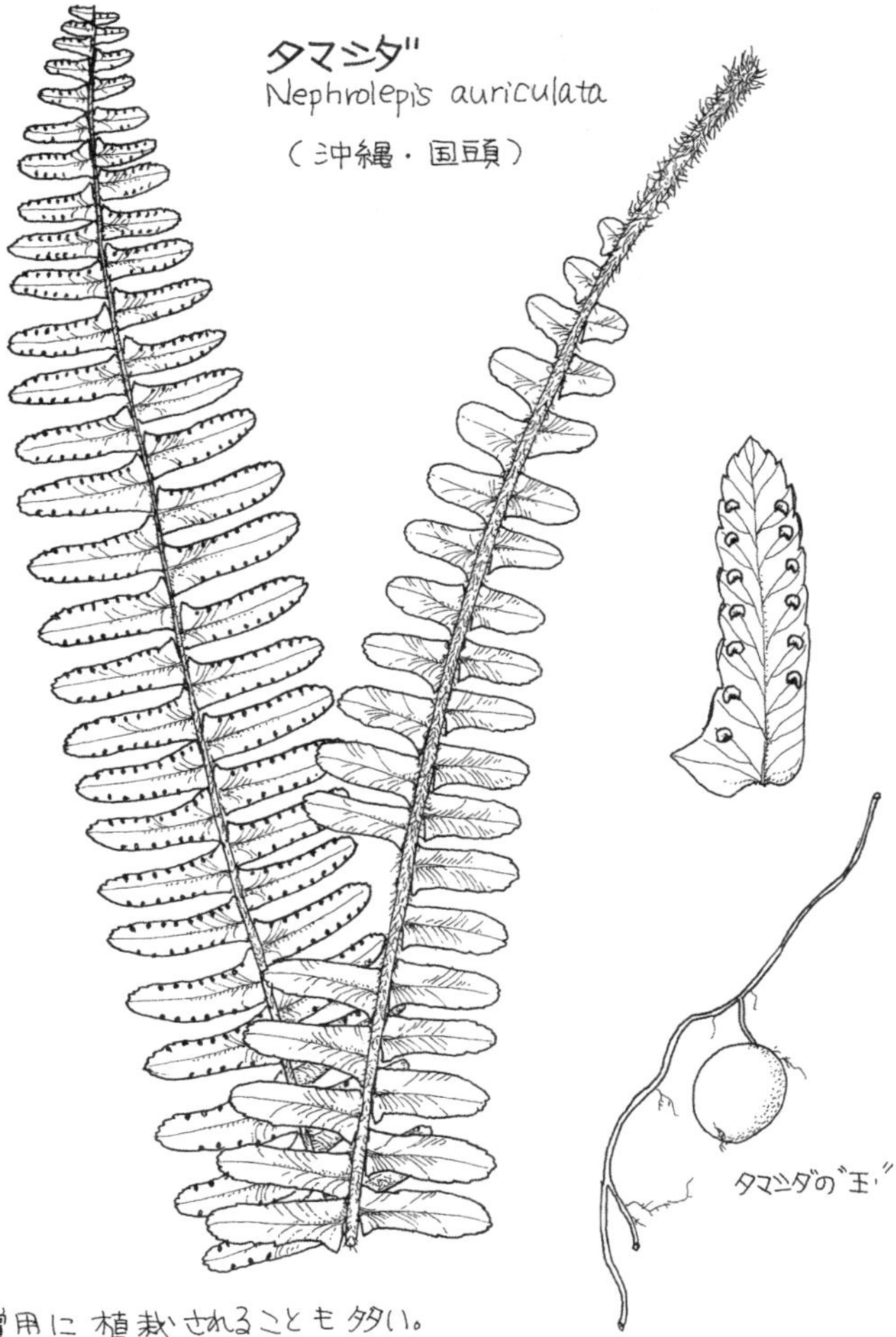

鑑賞用に植栽されることも多い。
根に球状の貯水器官をつけることから、
この名がある。

ったかと聞いてみた。

「いやぁ、遊ばなかったよ。だいたいタマシダは石垣に生えていたりする。そういうところにはハブがいる。危険だから、子どもを近寄らせなかったよ」

こんな返答だった。これを聞いて、また、「ああ、なるほど」と考えさせられる。自然との関係性というのは、そう、単純なものではないのだ。例えばハブがいるかどうかでも、シダの利用は違ってくる。また、「タマシダの生えているところは、ハブがいそうで危ない」という認知もまた、自然に対してのまなざしの一つとも言える。

さらに、シダにまつわる話を聞き集めているうちに、沖縄島の本部《もとぶ》出身の方から、タマシダの玉を子ども時代におやつとして食べたという話も聞くことができた（もちろん、本部半島にもハブはいるのだが）。玉は食べると、少し甘味があるそうだ。なお、タマシダの玉には、ネコではなくて、おじいさんの睾丸（タンメークーガー）という名前がついていたとか。こうした話から、同じシダの利用であっても、地域によって、利用法は実に多様であることがわかる。

シダなんて、ほとんど人とのかかわりのない植物で、教材にもなんにもならないものだと思っていた。正直、生き物屋の中でも、ごくごく一部の人だけが興味を持つような特殊なものだと。

ところが、本当にそんな「特殊」な植物なのだろうか？　僕は、そのこと自体をもう一度考え直してみる必要性を感じるようになった。

七草粥の正体

僕が授業屋であるのは、多分に父の影響によっている。父も高校の化学の教員であった。それも、食卓だろうが、家庭菜園の中だろうが、結婚式場だろうが実験をしてしまうという実験オタクだったのが、父だ。父は癌で亡くなる二年前の七九歳まで現役の教員をし続けたぐらいである。

そんな父が遺した言葉がある。

「わからないことがあったら、生徒の中に降りていくこと」

父はごく簡単な実験装置を使って、お酒からダイヤモンドを合成するといった、新しい実験を世の中に次々に披露していった人だが、そのテーマは常に生徒とのやり取りから得ていた。

わからないことがあったら、生徒の中に降りていくこと。僕の場合だったら、まず、目の前の学生たちの話をよく聞く必要があるということになる。学生たちの話を聞くのは、僕にとって、「あたりまえだと思っていたこと」を問い直すことである。シダについても、学生たちの話をきちんと聞いてみようと僕は思った。

シダの中で、最も有名なものと言えば、ワラビやゼンマイといった、山菜として食用とされているものだろう。しかし、沖縄では、山菜という言葉自体が耳慣れないように思える。まずはその点について、学生たちに話を聞いてみることにした。

「山菜って知っている？」

理科実験室で昼飯を食べていた、二年生のエリコとアヤに声をかけてみた。二人とも沖縄県内出身者だ。

「山菜ご飯のパックに入っているやつ？　くるくるしているやつとかだよね」

アヤが言う。

「山菜ってヨモギとか？」

エリコが言う。

沖縄ではヨモギ（ニシヨモギ）はフーチバーと呼ばれ、伝統的に食材として利用されている。葉をつんで汁（ヤギ汁などのように、クセの強いものに使うことが多い）に入れたり、フーチバジューシーという雑炊の具にしたりする。しかし、本土の場合だと、山菜といっても、ヨモギの名をすぐに思い浮かべることはないだろう。

「そう言えば、山菜と七草っていっしょ？」

逆に、彼女たちから、そう、聞き返された。言葉は知っているけれど、何が七草かわからない…と。

「だって、食べたこと、ないし」

「七草粥のころ、給食でモズク雑炊とか出たことがあるけれど」

どうやら沖縄出身の学生たちにとって、七草というものは、海藻のモズクと混同されるほど、正体不明のものであるらしい。予想外の展開となったが、予想外の展開こそ、自分の中にある思い込みをあらわにするものである。七草なんて「あたりまえのもの」と思っていたけれど、「あたりまえ」は相対的なものであることに気づかされる。

この話が印象的だったので、七草粥の季節を待って、七草粥セットを買いこんでゼミに持って行った。セットの入ったパックには、九州産と書かれている。中身は大量のハコベと小さなダイコンとカブ、それにコオニタビラコ、ハハコグサ、セリ、ナズナが一本ずつ。

「えーっ、ダイコンが入っている」

七草粥セットのパックを見て、ゼミ生たちから驚きの声があがる。見慣れたダイコンと見知らぬ七草が結びついていなかったのだ。一方で、「沖縄には、こんな草なんてないよ」と、ゼミ生がハコベをつまみ上げて言う。その言葉どおり、大学周辺で春に見かけるのは、青い花を咲かせるルリハコベばかりだ。フキノトウも見たことないしね…といった言葉も漏れる。

もともと七草粥を食べる風習は沖縄にはない。さらに本土と沖縄では身近な植物のありさまも違う。七草粥の季節、沖縄のスーパーに並んでいるのは、ショウガ科のゲットウの葉でつつんだ、ムーチーと呼ばれるモチだ。

「謎」のワラビ

食べるという利用方法は、もっとも根源的な植物の利用方法だろう。だからシダの中でも、知名度がある種類といったら、ワラビやゼンマイといった、食用になるものだと思っていた。ところが「あたりまえ」は相対的なものだった。となると、七草粥だけでなく、ワラビやゼンマイの知名度に関しても「地域差」がありそうだということに、思いが至る。

たまたま、大学近くのスーパーでワラビもちが売られていた。そこで、ワラビもちを買って、ちょうど昼ご飯中の学生たちの前に持って行ってみることにした。学生たちが、ワラビについて、どれくらい知っているかの調査である。

「ワラビって何?」

やっぱり。僕の予想は間違ってはいなかった。学生たちは、まず、こう言ったのだ。

「ワラビもちって、クズもちとどこが違うの?」

こうも、聞かれる。なるほどと、また思う。そこで、「じゃあ、まず、クズって何かは知っているかい?」と聞いてみた。

「タピオカ? デンプン?」

こんな回答だった。学生たちが、デンプンについて、混同した認識を持っていることが、これで明らかになる。「デンプンを取る植物の種類には、いろいろあるということなんだよ」と説明をすることにした。クズ粉は、マメ科のクズから取ったもの(沖縄島にはクズがなく、近縁のタイワンクズが生えているが、そう目立たない)。タピオカはトウダイグサ科のキャッサバから取ったもの(キャッサバは理科室脇の畑にも植えてあるのだが、それがタピオカの原料になる植物だとは、学生たちは気づかない)。そしてワラビもちの原料はワラビである…と。

「えーっ、ワラビっていうのが、あるんだ」と学生たちが驚いた。

「でも、ワラビってどんなの?」

「イモ? デンプンを取るんなら、イモでしょう」

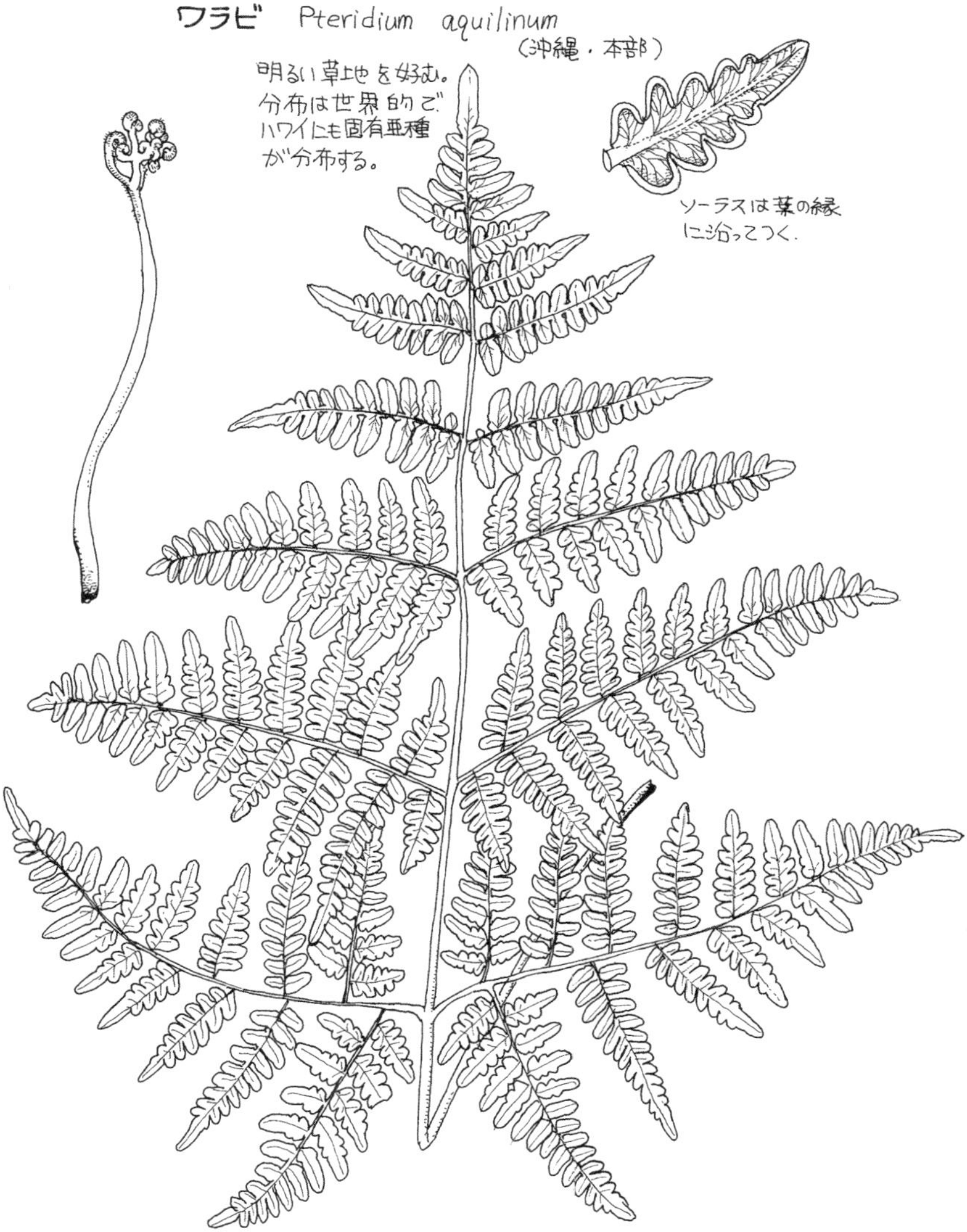
ワラビ Pteridium aquilinum
(沖縄・本部)
明るい草地を好む。
分布は世界的で
ハワイにも固有亜種
が分布する。
ソーラスは葉の縁
に沿ってつく。

予想はしていたことながらも、沖縄出身の学生たちにとって、ワラビはかなり正体不明のものなのだということがわかって、びっくりしてしまう。

沖縄島にワラビがないわけではない。中南部では見かけないが、やんばるでは、道端やダムサイトなどで、ところどころワラビの群落を見る。ただし、沖縄では沖縄島に限らず、ワラビを食用とする風習はない。そのため、沖縄ではワラビはたとえ生えていても、認知されないのだ。

本土復帰以降、本土からの情報や物資の流入は大きく、スーパーではワラビもちや、ワラビの水煮も売られているけれど、ワラビがどのようなものかは、ここに書いたような認識なのだ。これは若者に限った話ではないようだ。僕は那覇市内の夜間中学でも隔週に一回、理科の授業を教えている。教室に待っているのは、平均年齢七〇歳代の方々なのだが、その夜間中学の授業でも、「ワラビって、デンプンを取るのなら、イモの仲間?」といった発言が見られたからだ。琉球列島の島々で話を聞いて回ると、北琉球の屋久島でも、ワラビを食べる風習はなかったという話を聞いた。

ちなみにゼンマイのほうは、沖縄には分布もしていない。沖縄県のレッドデータブック(『改訂 沖縄県の絶滅のおそれのある野生生物 菌類編 植物編』沖縄県 二〇〇六)を見ると、ゼンマイは絶滅種にランクされている。ゼンマイは琉球列島では奄美大島まで分布(ただし高地に生え、自生地は限られているとある)し、沖縄県ではかつて久米島で一か所自生地が確認されていたものの、近年は確認されておらず、絶滅したものと考えられるという。

沖縄では、ワラビやゼンマイは「話に聞いたことはあるけれど、なんだか正体のわからないもの」なのである。

ワラビと名のつくシダ

琉球列島の島々では、僕が「あたりまえ」と思っていたワラビの食文化がない。ということは、この地域にはこの地域ならではの、独自のシダにまつわる文化があるのではないだろうか。学生たちの話から転じ、再び、年配の方々の話を聞いてみることにしよう。たとえば、琉球列島ではワラビではないシダをワラビと呼んで利用することがある。やんばる・奥のクニマサさんにまた話を聞く。

「ワラビの黒くて硬いところで、かごを編んだりする。大きいものや小さいものがあるけれど、使うのは大きいもの。奥でかごを編むといったら、材料はカワダケ（ホウライチク）とワラビだよ」

最初は、クニマサさんの言うワラビの正体が、僕にはよくわからなかった。が、やがてクニマサさんが言うワラビは、やんばるの道脇の土手などに一面に生えることがあるコシダのことだとわかる。コシダの葉柄はつやがあり、硬い。

種子島のカケイさんも、このコシダの葉柄から作る編み物の話をしてくれた。

「コスダ（コシダ）と呼んでいる草があります。これで食器かごとか編むんです。あと茶碗ふせとか洗濯物のかごとか。一回作ったら何年ももちますよ」

こんな話だった。コシダの葉柄で作った編み物は、水に強いのだそうだ。

クニマサさんの出身である奥では、コシダがワラビという名前で呼ばれているのだけれど、さらに調べてみると、どうやらこのワラビという呼称は、シダという一般名詞に近い形で使われているようだとわかってきた。というのも、沖縄島の中南部で、食用にはならないホシダやタマシダをワラビと呼んでいる地域があることが報告されていると知ったからだ。

沖縄島よりもさらに南、西表島では、また別のシダに、ワラビを語源としていると思われる名がついている。

西表島・干立《ほしだて》出身のヨシおばぁは、ヒカゲヘゴのことを「バラピと言う」と教えてくれた。ヨシおばぁがバラピと呼ぶヒカゲヘゴは、木生シダと呼ばれる、ヤシの木のような姿をした、南の島ならではのシダだ。それこそ、僕が子ども時代に、恐竜たちの背景に思い描いていたシダである。硬くまっすぐに伸びた幹の先端から四方に葉を広げるのだが、大型のシダであるため、幹の頂点からは、それこそワラビの新芽の何十倍もの太さの新芽が伸びあがる。

より正確に言うと、バラピと呼ぶのは、ヒカゲヘゴ一種に限らないらしい。西表島出身で、西表の植物利用に詳しい黒島寛松さんが、『琉球新報』に寄せた記事（一九六九年三月二〇日）によると、ヒカゲヘゴ、オニヘゴ、タカワラビといった大型となるシダをバラピと呼び、コシダ、ヤブレガサウラボシなどのシダは、ひっくるめてピーデーと呼ぶとある。

エミコさんの出身の与那国島では、『与那国の植物』（与那国町教育委員会）によると、ホシダを代表としてシダの多くはバランと呼ばれるとある（コシダは〝高いバラン〟――タカバランと呼ばれる）。またオオタニワタリ類やタマシダはフチビと呼ばれると紹介されている。このバランも、ワラビを語源とし、ワラビ↓バラピ↓バランと変化したものではないだろうかと思う。

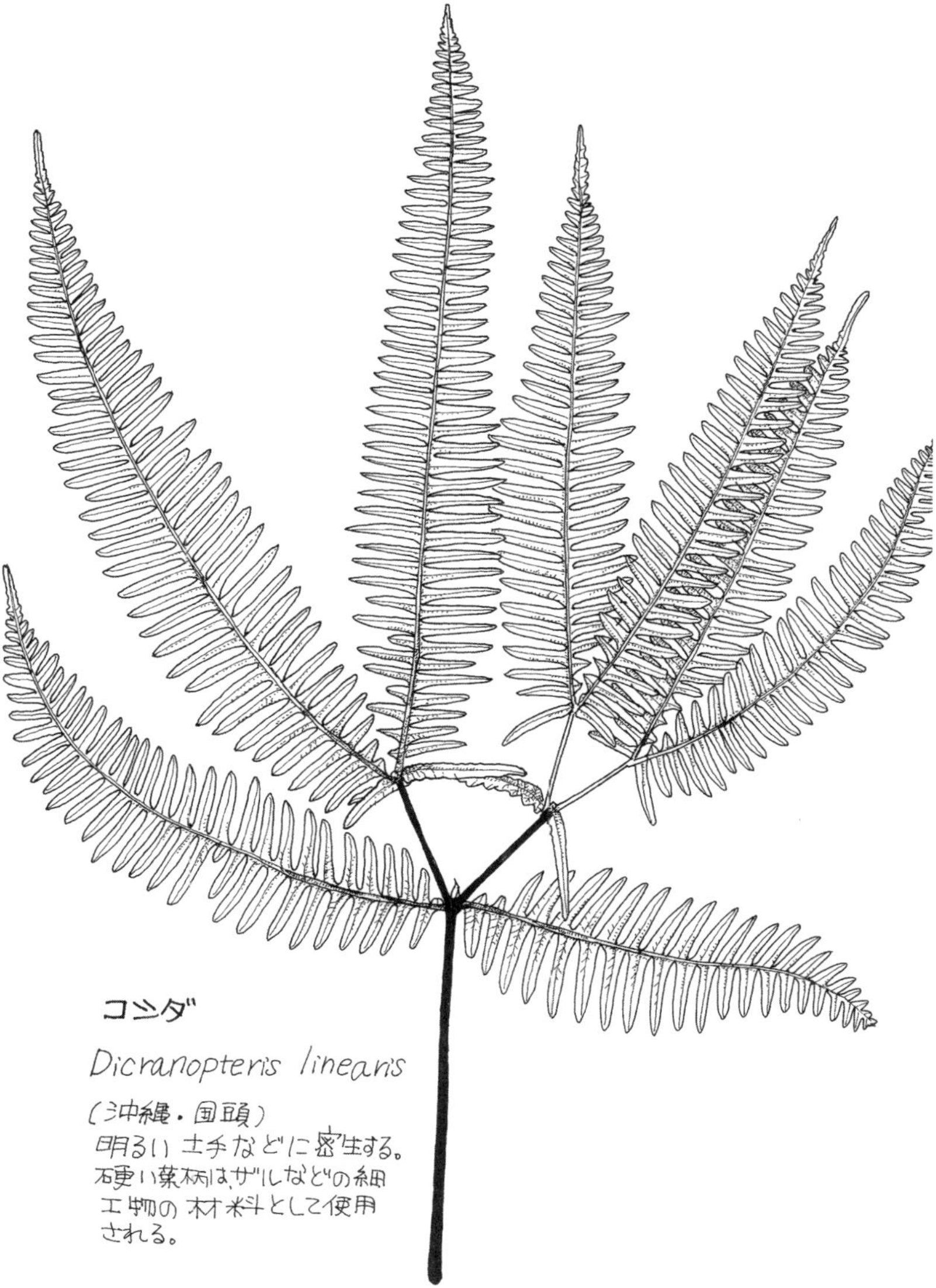
コシダ
Dicranopteris linearis
(沖縄・国頭)
明るい土手などに密生する。
硬い葉柄は、ザルなどの細
工物の材料として使用
される。

食用となるシダ

では、琉球列島の島々では、ワラビに代わって食用にするシダはあるのだろうか？

じつはある。それに、本土で食用にしているシダにも、ワラビ、ゼンマイ以外にもいろいろな種類がある。

『食べられる野生植物大事典 草本・木本・シダ』（橋本郁三、柏書房）をひも解くと、日本で食べられているシダのリストとして、表2のような種類の名前が挙げられている。

表2を見ると、僕がそれまで思っていた以上に、食用となるシダにもいろいろとある。ただし表2に挙がっているものには、日常的に食用として利用されているというより、食用となりうるという程度のものも含まれているようだ（例えばヘゴ、マルハチ、ヒリュウシダなど）。

表2　日本で食用とされるシダ
（『食べられる野生植物大辞典 草本・木本・シダ』橋本郁三より）

トクサ科	スギナ（ツクシ）
ハナヤスリ科	フユノハナワラビ、ホウライハナワラビ
ゼンマイ科	ゼンマイ、ヤシャゼンマイ、ヤマドリゼンマイ オニゼンマイ
キジノオシダ科	ヤマソテツ
ヘゴ科	ヒカゲヘゴ、ヘゴ、マルハチ
ワラビ科	ワラビ
ミズワラビ科	ミズワラビ
チャセンシダ科	オオタニワタリ、シマオオタニワタリ リュウキュウトリノスシダ*
シシガシラ科	ヒリュウシダ
オシダ科	ジュウモンジシダ、オオバショリマ、クサソテツ ミヤマメシダ、エゾメシダ、テバコワラビ イッポンワラビ、キヨタキシダ、クワレシダ ミヤマシケシダ

*リュウキュウトリノスシダは現在ヤエヤマオオタニワタリという種名となっている。

実際に、僕が琉球列島の島々で食用として利用しているという話を聞いたのは、ヘゴ科のヒカゲヘゴ、チャセンシダ科のオオタニワタリ類（三種あるが、一般的には区別せず利用されている）、それに表2には名が挙がっていないツルシダ科のホウビカンジュである。

ホウビカンジュは石灰岩の岩場などに好んで生えるシダで、岩場に着生し、長い葉の軸を下にたらし、そこに多数の羽片をつける。このシダを食用とする地域は、八重山の中でも、もともとはごく限られていたように思える。それはこのシダの利用について、教えてくれたヨシおばぁの話から伺える。

ヨシおばぁは西表島の干立《ほしだて》集落の出身であるけれど、干立ではホウビカンジュを食べる習慣はなかったという。なぜかといえば、干立にはホウビカンジュが生えるような石灰岩の岩場がなかったからだという。それが同じ西表島の上原集落に引っ越して、このシダを食べること、名前をビーフチビということを集落の人から教わったのだと言った。「ビーフチビを知らないといったら、最初は笑われたよ」ヨシおばぁは笑って、そう言っていた。ヨシおばぁによれば、天ぷらにするのがおいしい食べ方だという。

不思議なことに、沖縄島の中南部にはホウビカンジュが沢山生える石灰岩の岩場はあちこちにあるけれど、今のところこのシダを食用にしていたという話を聞いたことがない。食用可能なシダが生えていても、必ずしも利用するとは限らないわけだ。同様、リストに名が挙がっているミズワラビは田んぼの雑草になるシダで、東南アジアでは食用にされているというし、沖縄にも生えているのだが、このシダを食用としたという話を沖縄ではまだ聞いたことがない。

こんなふうに、地域によって、食用とするシダには違いがある。

オオタニワタリ類の利用

琉球列島で食用とされるシダの代表が、オオタニワタリの仲間である。琉球列島には、オオタニワタリの仲間が三種類ある（一般には区別はされず、まとめてオオタニワタリと呼ばれたりする）。オオタニワタリ、シマオオタニワタリ、ヤエヤマオオタニワタリで、外見はよく似ている。大まかに言うと、昆布のように細長い葉が中心から放射状に広がっているシダであり、その葉には、まったく切れ込みがない。細かく見ると、近縁の三種では、胞子の付き方や、葉っぱの中軸の様子が異なっていて、種を見分けることができる。このうち、オオタニワタリが見られるのは主に北琉球の島々だ。沖縄島では、やんばると呼ばれる北部の森にはシマオオタニワタリも生えているが、中南部などで見られるものは、ほとんどがヤエヤマオオタニワタリである。

この、オオタニワタリ類を食用とするのも、八重山の島々だけである。

奄美大島・摺勝で話を聞いたところでは、オオタニワタリ類はコチョビと呼ぶが、食用とはしないということだった。沖縄島・奥のクニマサさんも、オオタニワタリ類を食べることはなかったと言った。沖縄島・佐敷《さしき》で話を聞くと、そもそもオオタニワタリ類の地方名すらない（つまり利用していなかった）という話だった。宮古島でもオオタニワタリ類はもともと食用にする習慣はなかったが、近年、八重山の人の影響で食べる人が出てきたという話を聞いた。

一方で、与那国島ではオオタニワタリ類を食用としていた。与那国島では、オオタニワタリ類のことは、フチビノブットゥと呼んでいたとエミコさんが教えてくれる。フチビというのは与那国島では

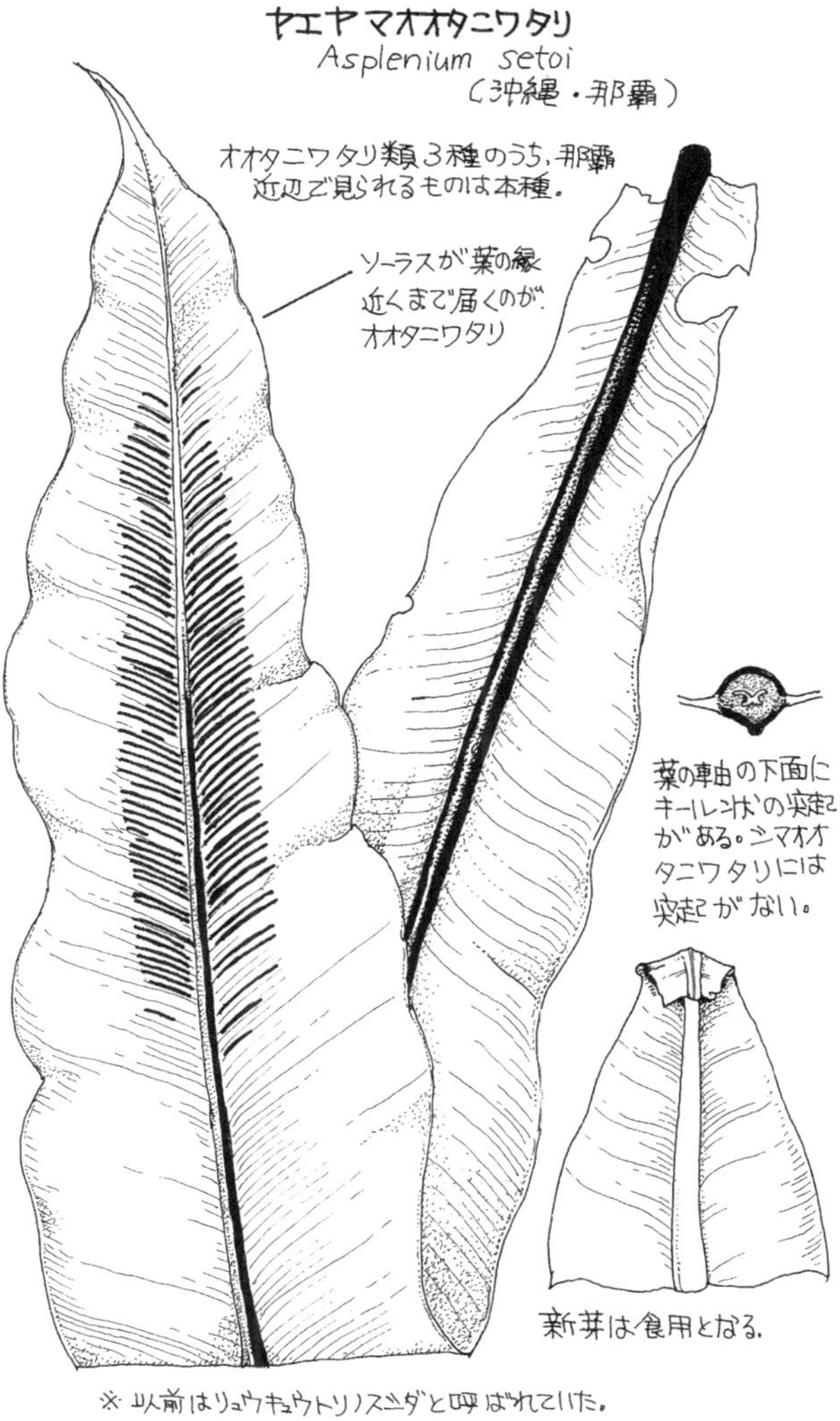
ヤエヤマオオタニワタリ
Asplenium setoi
(沖縄・那覇)
オオタニワタリ類3種のうち、那覇近辺で見られるものは本種。
ソーラスが葉の縁近くまで届くのがオオタニワタリ
葉の軸の下面にキール状の突起がある。シマオオタニワタリには突起がない。
新芽は食用となる。
※以前はリュウキュウトリノスシダと呼ばれていた。

オオタニワタリ類やタマシダの呼び名であることが、『与那国島の植物』に紹介されている。

「ブットゥというのは夫という意味よ。フチビはどんな意味かしら。与那国ではフチビノブットゥは精進料理には必ず使ってたわ。使うのは法事のときだけよ。お祝いには使わんよ」

こんな話である。「油でいためて、塩味で食べたよ」とのこと。今は天ぷらにして食べるほうが好きだけど…と。

西表島のヨシおばぁは、オオタニワタリ類をやはりフチビと呼ぶと教えてくれた（ホウビカンジュの地方名、ビーフチビは〝雄のフチビ〟という意味だそう）。新芽はやはり、ゆでて食べるとのこと。

石垣島での利用方法も聞いてみる。石垣島ではオオタニワタリ類はサルムシルと呼んでいた（話を伺う際に、実際に採取したサルムシルを食べさせてもらったが、ヤエヤマオオタニワタリの新芽だった）。

「昔は法事のときだけ食べたよ。これが夏の六月の炎天下のときだから、条件のいいところにしか、サルムシルの新芽がない。親戚の家から二人、青年が出て、山に入って、サルムシルとキクラゲを採りにでかけた。サルムシルを採りにでかけたのは、山の中の湿地帯。採ったものは、ゆがいて煮しめにいれたよ」

石垣島でも、オオタニワタリ類を食べるのは、本来は法事のときなどに限られていたという話であったのだ。

どんなシダを食べるかは、地域によって異なっていた。そして、「いつ」食べるかが、決まっていた地域もあった。

ホウビカンジュ

Nephrolepis biserrata

石灰岩地の岩場などを好み、垂れ下がるようにして生育する。新芽を食用とする地域がある。

（沖縄・那覇）

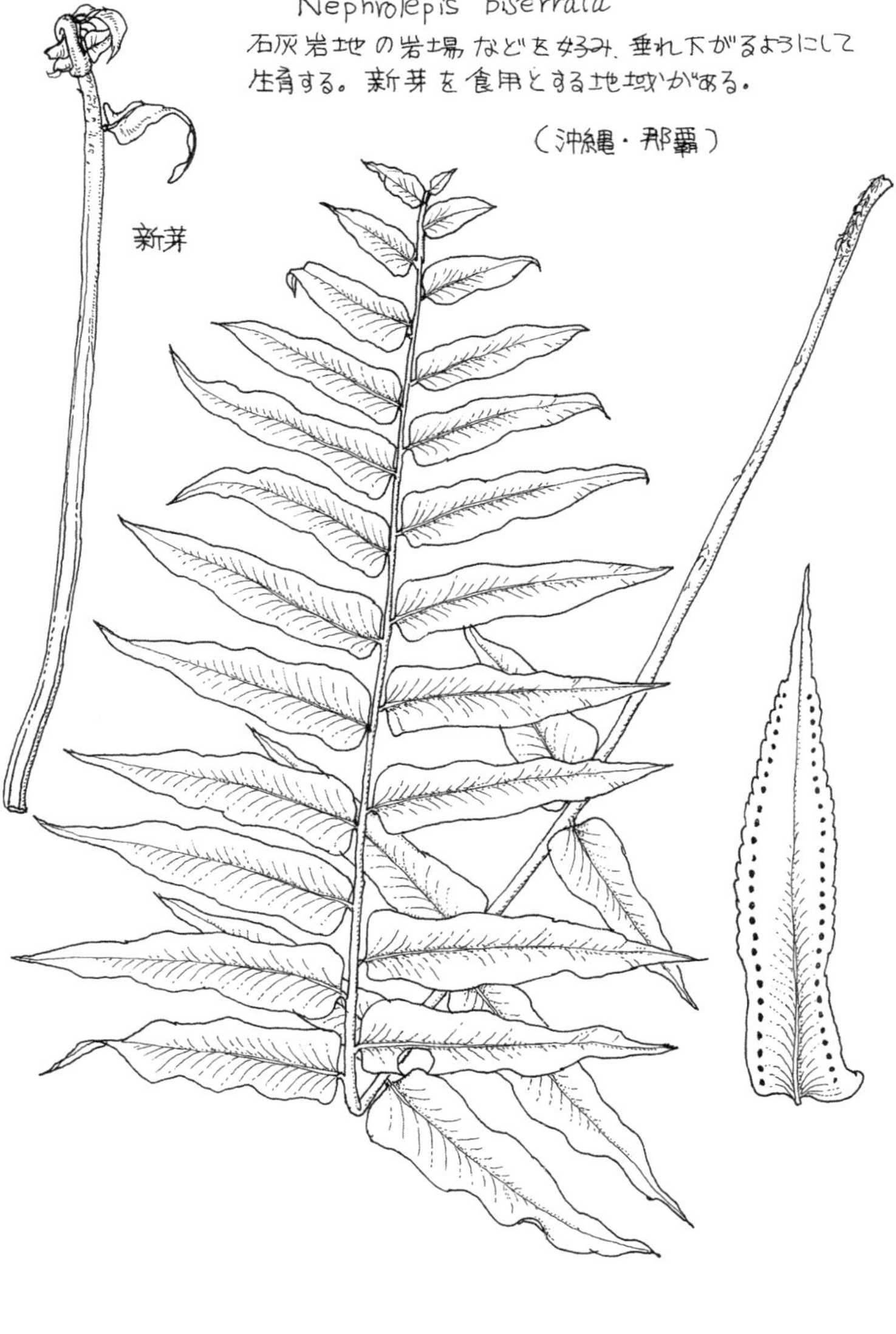

ヒカゲヘゴの利用

ヨシおばぁに話を聞いていると、「バラピはちゃんと調理してマヨネーズをつけたら、おいしい」なんてことも言う。もちろん、マヨネーズうんぬんは現代風にアレンジした食べ方である。もともとは、イノシシの骨をだしにして、炊いたものだという。西表島でバラピと呼ばれるヒカゲヘゴは、大人の腕の太さぐらいの先端がくるっと丸まった新芽をつける。その表面は茶色のかさかさした毛状のもの（鱗片《りんぺん》）で覆われている。見た目はかなりいかついのだけれど、この新芽は食べることができる。

西表島でもヨシおばぁの出身の干立《ほしだて》と、その隣にある祖納《そない》という集落では、秋に節祭《しち》と呼ばれる祭が盛大に行われる。一年間の農業の「節」目にあたる時期に行われる祭なのであって、翌年の収穫を祈る意味がある。祖納では、この祭の参観者にふるまわれる折り詰め弁当の中に、このヒカゲヘゴの煮付けが入っている。薄味のそれは、知らなければダイコンの煮付けと思ってしまうかもしれない。祖納と干立は歩いて数百メートルしか離れていない。

両集落とも、節祭が行われる日もいっしょだ。しかし、行われる奉納芸能の内容は異なっている。干立ではヒカゲヘゴの煮付け入りの折り詰めが出されることもない。ヨシおばぁに、干立では節祭にヒカゲヘゴを食べていないようだけれど、では干立ではいつ食べていたの？　と聞いてみた。

「この前、ダンナの十三回忌をやるっていって、バラピを採ってきて炊いたよ。そういうときにダイコンの代わりに使うよ」

ヨシおばぁはそう教えてくれた。オオタニワタリ類は法事のときに食べられるものだったという話

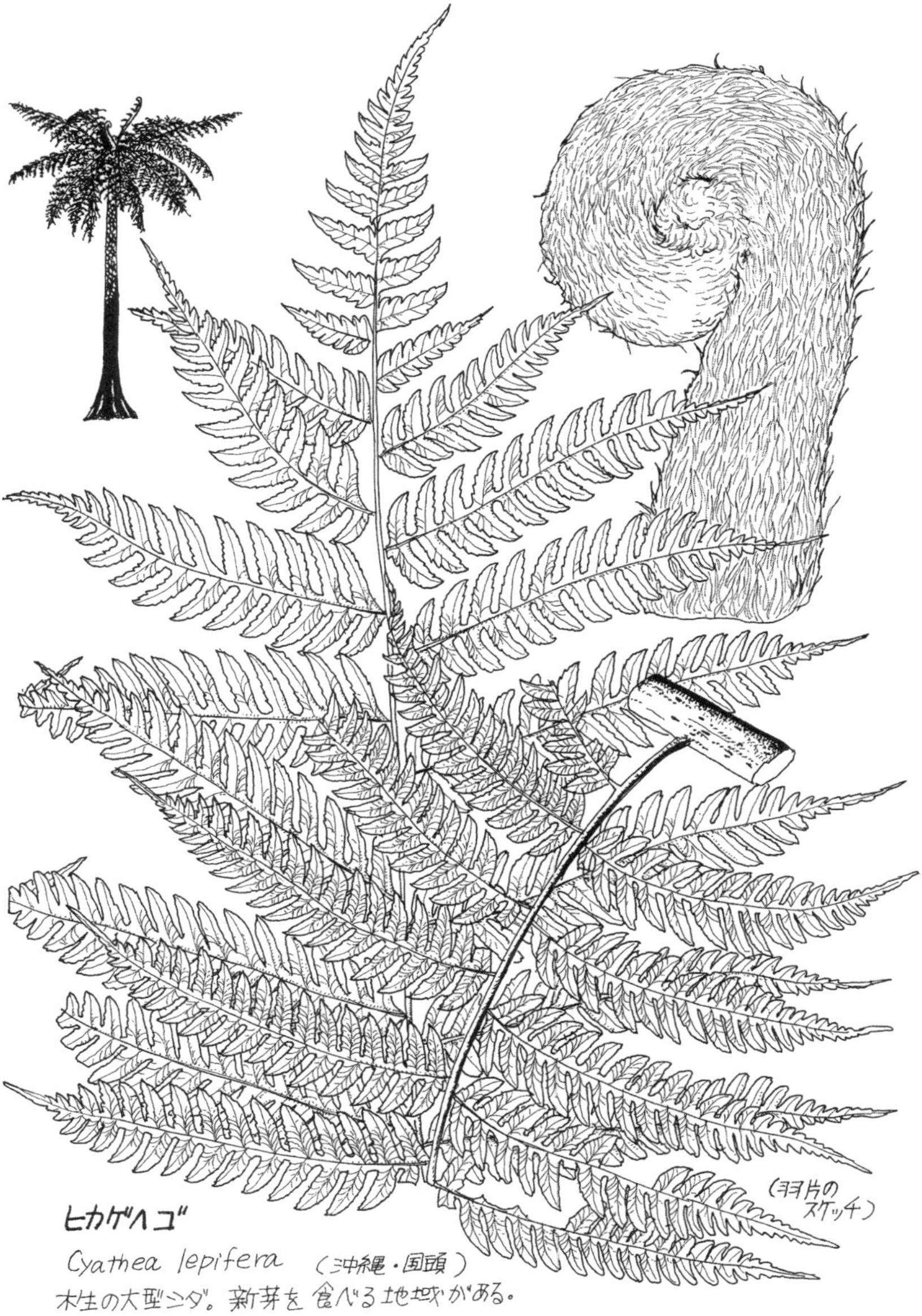

ヒカゲヘゴ

Cyathea lepifera (沖縄・国頭)

木生の大型シダ。新芽を食べる地域がある。

を聞いた。ヒカゲヘゴも、祭や法事のときに限って食べていたという話だった。それはいったい、なぜだろうか?

カニクサの利用

琉球列島でシダの利用の話を聞き集めているうちに、「シダをいつ食べるかが決まっていた」という話に、シダと人とのかかわりにおけるキーポイントがあるように思えてきた。シダはなぜ、いつ食べるかが、限定されていたのだろう。その謎に関して、年配の方々の話を聞いているうちに、少しずつ理由らしきものが見えてくる。

「あーっ? センヅルカズラを知らんのか?」

ヨシおばぁと話をしていて、そんなふうに驚かれてしまったことがある。

センヅルカズラはシチカズラとも呼ぶよとヨシおばぁは言う。「センヅルカズラ」という名前の植物は知らなかったけれど、実物を見せてもらうと、僕が少年時代をすごした千葉の館山でも普通に見ることができる、カニクサ(口絵)というシダだったので、「えっ?」と思う。

「あたりまえ」は相対的なものだ。千葉でも西表島でも、カニクサが身近に見られるシダであることは変わらない。しかし、このシダの名前(おばぁが口にしたのは、センヅルカズラという地方名であったわけだが)を知らないからとヨシおばぁが驚いたのは、それだけ西表島では、カニクサが「あたりまえ」の植物であることを示している。そして、この場合の「あたりまえ」は、暮らしの中で利用されているからこそ、「あたりまえ」のものとして認知されているということなのだ。振り返ったとき、千葉の実家周辺では、確かにカニクサを普通に見ることはできたけれども、このシダを何かに利用したという話を聞いたことはなかった。

では、どんなときに、西表島ではカニクサを利用するのだろうか。カニクサは、西表島では行事と深くかかわっているシダなのである。シチカズラという名があるように、カニクサは節祭とかかわりがある。一言付け加えると、カニクサによく似たイリオモテシャミセンヅルも区別せずに使われている（まとめてカニクサ類と呼ぶことにする）。

「センヅルカズラは節祭のときは家の柱にも全部巻きつけるよ。センヅルカズラは魔よけにもなるさ」そう、ヨシおばぁは言う。

「節祭の一日目、海に行って、浜辺のサンゴ石を拾ってきて、洗って、おぜんに山盛りにして、そこにセンヅルカズラを適当に切って、その石の上に置く。それで拝んで、後で夜中になってから、家の外にまくよ」

ヨシおばぁによれば、節分に行われる豆まきのような感覚でこの小石は撒かれるという。

カニクサ類は節祭の二日目、奉納芸能がとりおこなわれるウガン（八重山で神をまつる祠《ほこら》のある聖地）の柱にも巻かれる。ハーリー（海のかなたから豊作を招くために行われる船漕ぎ競争）の際、勝者の船をむかえるのも、カニクサ類を手にした神人《かみんちゅ》だ。

ヨシおばぁはまた、節祭のときだけでなく、かつて執り行われていた雨乞《あまご》いの儀式においてもカニクサ類が使われたという話を教えてくれた。雨乞いには「雨の主」と呼ばれる重要な役割があるが、この役割にあたった人は、全身にカニクサ類をまとって、雨乞いに参加するのである。ヨシおばぁはツカサと呼ばれる、集落のウガンを祀《まつ》る神女《かみんちゅ》の一人である。ヨシおばぁは二四歳のとき、干立でとりおこなわれた最後の雨乞いにツカサとして参加したことがあるのだという。

こんな話を聞くと、「あたりまえ」だと思っていたカニクサ類はじつは、「聖なる草」なのではないかと、思えてくる。

ところが。ヨシおばぁに聞いてみると、「ふだんは、ただの草」とそっけない返事が返ってきた。

行事とシダ

ヨシおばぁの話をきっかけに、行事で使われていたシダについて、どんなものがあるのか、調べてみることにする。

琉球列島の島々は、集落ごととといってもいいほど、多様な行事を伝承してきた。西表島でも干立と祖納では節祭が盛大に行われるが、古見《こみ》ではアカマタ・クロマタという神々が登場する豊年祭が一年のうち、もっとも盛大な行事となっている。

「アカマタ・クロマタは、稲作の豊饒をもたらす守護神としての性格をもち、一般に神格化されている仮面仮装の習俗である。(中略) この儀礼は一切は秘密とされ、後述するようにその地域の住民であっても、一定の資格を備えたもので、審査に合格したものによってのみ儀礼が営まれている」（「仮面仮装の習俗 八重山諸島におけるアカマタ・クロマタ神」宮良高弘『季刊 自然と文化』二六号）

こんな紹介がなされている、秘祭だ。アカマタ・クロマタは仮面をし、カズラで身を覆った神々である。僕はまだ実際に、これらの神々の姿を見たことがない。先の宮良高弘さんの報告に、アカマタ・クロマタ神の白黒写真が掲載されている。かなり「異様」な姿だ。神々しいというより、どこか恐ろしい姿である。この神々がまとっているのがシダなのだ。アカマタは、干立の雨の主と似て、仮面以外はカニクサ類ですっぽりと覆われている。クロマタは全身にオオタニワタリ類の葉をまとっている。

調べてみると、琉球列島各地の行事で、こんなふうに、植物をまとった神が登場したり、神に祈る村人が、植物の冠をいただいたりする場合があることが見えてきた。それらの中でシダを利用しているものを紹介してみることにする。

加計呂麻島《かけろまじま》では、ノロと呼ばれる神女は、キイカズラと呼ぶカニクサを輪型にして冠とし、頭にかぶる。これをカブリカズラと呼ぶ。（『奄美の島 かけろまの民俗』鹿児島民俗学会編 第一法規出版）

奄美大島でノロが冠にするのはカネブと呼ばれるエビヅルのつるで、これで作られた冠がカブリカズラである。一方、ノロの側近はカニクサの冠をする。またカニクサは一般にはガラスィプクサ（ヘビの一種の草）と呼ばれている。カニクサのつるがヘビに化生《けしょう》すると信じている人は今でも少なくない。カニクサはヘビを通じて、水神とのかかわりがあるのかもしれない。（『奄美民俗の研究』登山修、海風社）

沖縄島・奥ではシヌグという行事のとき、チルマチカンダと呼ばれるカニクサを冠にする。この冠

にはミーパンチャと呼ばれるゴンズイの枝も使われる。(『聞き書き 島の生活誌』シリーズ ボーダーインク)

久米島のウマチーと呼ばれる収穫祭では、ミチャブイと呼ばれる草冠が使用される。久米島の最高神女が着装するミチャブイはノシランで作られる。一方、各集落の神女のミチャブイは特別な場所で採取されたホウビカンジュで作られる。(「琉球列島の草荘神」比嘉康雄『季刊 自然と文化』二六号)

マチリと呼ばれる与那国島最大の祭の際、ツカサ(神女)たちはンバと呼ばれるカニクサでタマという冠を作り着装する。ただし比川集落で行われるンディマチリではイトゥと呼ばれるトウヅルモドキで冠が作られる。(『神々の古層 一二 巡行する神司たち マチリ(与那国島)』比嘉康雄 ニライ社)

カニクサやホウビカンジュといったシダ以外にも、ゴンズイやトウヅルモドキ、ノシランなどさまざまな植物が使われていることがわかる(ここに名が挙がった植物以外でも、シイノキカズラ、ハマサルトリイバラなどが冠や被覆材料として使われる)。

なぜ、神に扮する人や神に祈る人は植物をまとうのだろう。

最初のうちは、その理由がよくわからなかった。漠然と不思議な話だなぁとしか思えなかった。ところが、あるとき聞いた、ヨシおばぁの話の中に、謎を解くヒントがあるように思えた。

ある日、ヨシおばぁは、神に祈るウガンに立つ祠には、神にささげる杯や皿があるという話を、僕にしてくれた。その杯とはヒルギシジミという大きなシジミの仲間の貝殻で、皿もまた、クロチョウガイという大型の二枚貝の貝殻であるという。

この話を聞いたとき、あまり深く考えもせず、僕は、「なぜ、貝殻なの?」とヨシおばぁに聞きかえした。すると、おばぁは、「神様は人のものは使わないから」と言ったのだ。これを聞いて、「あっ」と思う。

人は繊維を織った服を着て、粘土を焼いた容器でご飯を食べる。しかし、神は人ではない。人と対極にあるような存在としてある。だから神は服を着ない。焼き物の容器ではご飯を食べない。神は草をまとい、貝殻でご飯を食べる。こうして対比してみると、神というのは、自然そのものであるとも思えてくる。そういうことではないのだろうか。僕は、オオタニワタリ類やヒカゲヘゴが法事や行事に限って食べられていたことも、このことに通じていそうだと思えてきた。波照間島《はてるま》出身の方から次のような話を聞いた。

「人間は大昔は、何もかんも食べたはずですね。こちらのお盆には、お供えのサトウキビの脇にクロキやイヌビワ。エビヅルの実を置いたりします。これは昔の先祖が食べていたからだと、親父から聞きました」

人間と対比される世界のものとして、祖先・神仏・自然（シダを含めた野生植物も）といった言葉でくくられるものたちがある。野生植物（シダ）を採って食べるということは、すなわち神仏と共食《きょうしょく》するという意味があるのではないだろうか。

ウラジロの利用

シダの「扉」をくぐって見つけたものは、人々の深層に残る自然信仰とかかわるようにしてあるシダの利用だった。

ひょっとすると、同じようなことは本土にも残されているのではないだろうか？　そんなふうに思うようになり、気になったのが、お正月の飾り物に使われるウラジロだ。

ウラジロは明るいところを好む、暖地性の大型のシダだ。琉球列島でも、屋久島や奄美大島では正月にウラジロの葉を飾る。

奄美大島では、「門松には松、竹、ユズル（ヒメユズリハ）を使う。松は末。ユズルギーは先祖代々、ゆずる木ね。タケは横には折れんでしょうが。まっすぐでしょうが。そんな意味がある。モチの下にウラジロを敷く。あれは何のためか？　これは裏表がはっきりしているでしょうが。人間もそうでなきゃ…と。ちゃんと意味がある」という、ウラジロにまつわる話を聞いた。

ところが、同じ琉球列島でも沖縄島にはウラジロを飾る風習がない。クニマサさんに話を聞くと、「奥で正月に飾るのは、松と竹。竹はホウライチクだが、少ないもんだからリュウキュウチクで代用する人もいる」という話だった。こんなふうに、クニマサさんの話には、ウラジロの利用は出てこない。そもそも、沖縄島で、ウラジロが生えているのを見た記憶がない。こうしたわけで、ウラジロは沖縄島をはじめとする沖縄県下では、人々の認知度が低い。

「ウラジロって知っている？」

正月明けの授業で、大学生に聞いてみたら、二六名の学生のうち、名前を知っていたのは一名だけだった（沖縄では正月の風習そのものが、本土とかなり異っていて、このときのやりとりから、お雑煮を食べたことがない学生が多くいることにも、初めて気づいて驚かされた）。

その一方、正月に本土でそぞろ歩きをすれば、あちこちの門口で、ウラジロの姿を見かける。ためしに、東京・池袋の下町で正月飾りの調査をしてみた（表3）。

表3をみると、正月飾りにも、かなりバリエーションがあることに気づく。そして、飾られることが多いのは、松、竹に続いて、わらとウラジロであることもわかる。

『植物と行事』（湯浅浩史、朝日選書）

表3　正月飾りの例（池袋の下町にて）

S医院	松と竹を門柱に縛りつけ縄の結び目にウラジロ
中華屋	松をくくりつけてある
個人宅	松にわら縄とウラジロ
自転車屋	松のリングに、稲穂と松の造花の飾り物
電気屋	ななめ切りした3本の竹に松、ウラジロ
小料理屋	入口左右の壁に、松の小枝をガムテープ貼り
Uビル	ガレージの入り口に竹。その間に長いわら縄
I印刷	松の小枝にわらとウラジロ
パチンコ屋	透明プラスチックの筒（竹を模したもの）3本と造花の梅と松
パブK	わらのリングに、ウラジロとユズリハ
風呂屋	プラスチックのミカン、松と本物のわら ウラジロの飾り物
Sホテル	プラスチックのエビに、わら、ホンダワラ ミカン、ウラジロ、松、ヤブコウジ ユズリハをあしらったしめ飾り

いる。

を開いてみる。この本を読むと、なぜ正月にウラジロを飾るのかについては、諸説があると書かれている。

「鏡餅は本来神への供え物であり、ウラジロは神への供え物に敷く植物であったので、しめ飾りに用いるとの説もあるが、それではなぜ供え物に敷くのかの理由がはっきりしない」――こう、湯浅さんは本の中で指摘している。湯浅さんは、ウラジロが近畿の一部で「ホナガ」と呼ばれていることに着目している。

「穂とは稲穂で、それが長いとの表現は、重要な意味をもつと考えられる」――とある。ウラジロは、稲の穂にたとえられ、飾られているのではないのかということだ。しかもウラジロは「実際の稲穂よりも長く垂れ、みた目にも美しい」。正月にモチをつき、備えるのは稲の収穫儀礼とする見方が強いとも、この本には書かれている。結局、ウラジロは稲の「豊作のシンボル」として扱われたのではないのかというのが、湯浅さんの考えだ。

この本には、正月のわらべ歌も一つ、紹介されている。

「お正月さん、どこまでござった。羊歯を蓑に着て、つるの葉を笠に着て、門松を杖について、お寺の下の柿の木に止まった」

こんな歌があるのだそうだ(ここで歌われている「つるの葉」というのは、正月飾りに使われる、トウダイグサ科の低木、ユズリハのこと)。正月（の神）は、シダを蓑に着てやってくる…。このフレーズから、僕はカニクサ類をまとう西表島の雨の主やアカマタを思い起こしてしまう。シダをまとった神々と、しめ縄にたれるシダの葉は、もとをたどれば、僕たちの祖先がみな持っていた、自然への畏

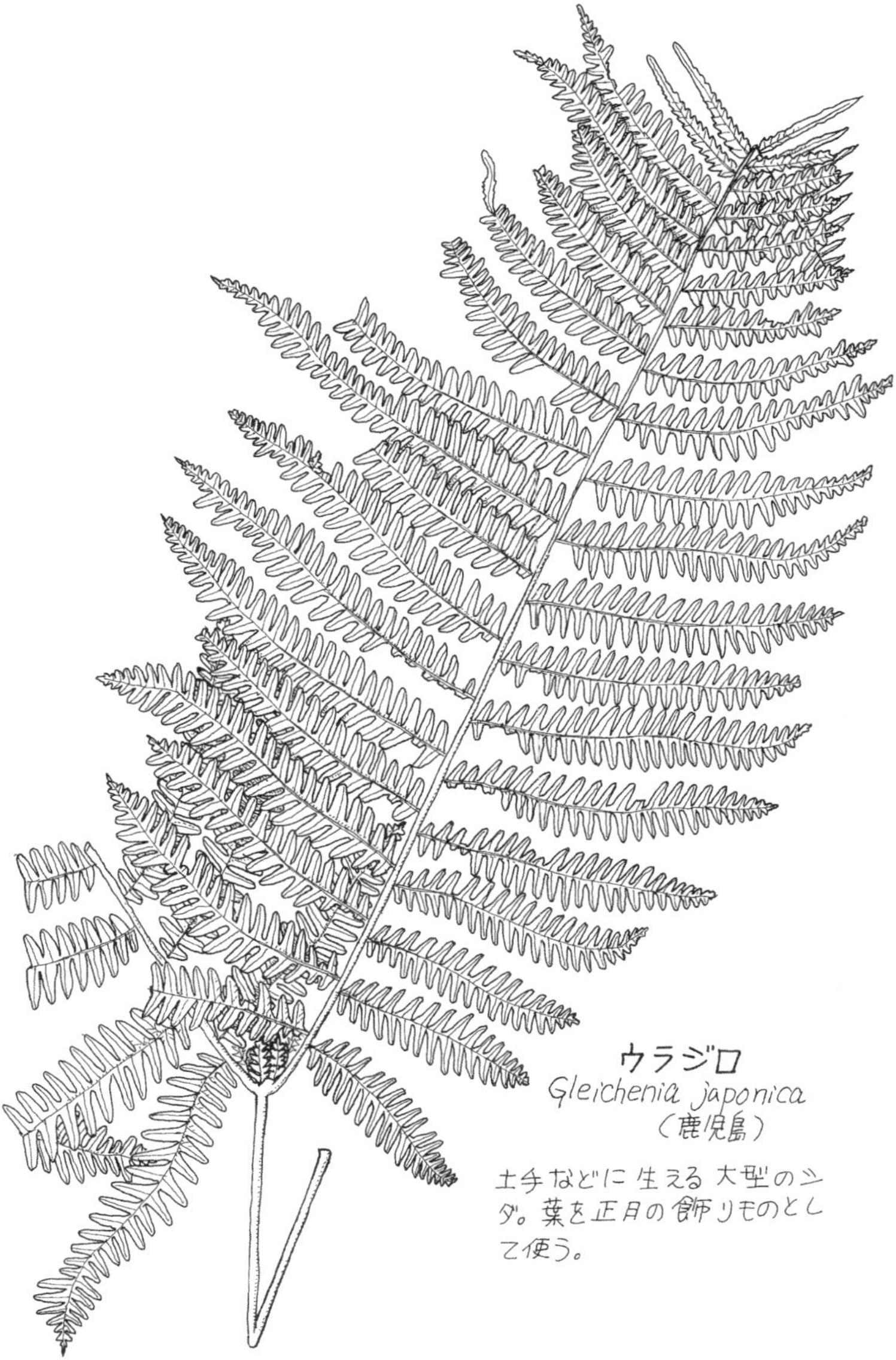

ウラジロ
Gleichenia japonica
（鹿児島）

土手などに生える大型のシダ。葉を正月の飾りものとして使う。

敬のまなざしの投影ではないだろうかと思えてくる。

かつて、人々が自然に対して持っていたまなざしを、シダの利用に垣間見た。

つづいて僕が足を踏み出したのは、今、僕たちがいる世界のありようを、身近なシダから探る試みだった。

3章　移り変わるシダ

ホウライシダはどこにある？

ある日のこと。大学のパソコンに一本のメールが届いた。送り主は、大阪の岸和田自然資料館の学芸員をしているムラカミさんだ。

「なんの要件だろう？」と思う。

ムラカミさんとは、その一年ほど前、資料館に、コケの資料を見せてもらいに行ったときに、はじめて会話を交わした。資料さがしのとき、親切に応対をしてくれたのがムラカミさんであった。しかし、その後、特にやりとりはなかったのだが。

「沖縄ではホウライシダはどのように生えているでしょうか？」

メールの内容は、そんな問い合わせだった。

ムラカミさんはシダ屋である。それも、都市部におけるシダの生態を調べている。ムラカミさんは大阪を中心とした都市部のシダについて研究しているのだけれど、近年、そうした都市部で、ホウライシダ（口絵）が目につくようになっている。このシダは、もともと南方系のシダである。では、大阪よりも南方にある沖縄では、ホウライシダはどんなふうに生えているのか、興味をもった…というわけだった。

僕がこのメールに食いついたのは、シダの「扉」をちょうど開けたばかりのころであったというタイミングにまずよっている。さらに、ムラカミさんが、都市部のシダを研究しているという点にも強くひかれた。

僕が住んでいる那覇も都市化された街だ。緑地の少なさからいうと、東京よりも都市化が進んでいるのではと思えてしまうほどだ。そうした都市部でくらす学生たちの自然観の象徴として、「カツオブシは木の皮でしょう」という一言があった。しかし、都市部といえども、自然がまったくなくなったわけではない。そんな都市部にある自然を再認識することは、「なんで自然のことなんか、知る必要があるの？」という問いに対する答え探しの一つであるように思える。だから、都市の生き物には、シダに限らず興味がある。

ありがたいことに、ムラカミさんがウォンテッドをかけてきたホウライシダは、シダに関してまだまだ素人同然の僕にとっても、特徴的でわかりやすいシダだった。花屋で売られているアジアンタムという観賞用のシダがあるけれど、このアジアンタムはホウライシダの仲間だ（ホウライシダが売られている場合もあれば、似た仲間が売られていることもある）。黒くつやのある葉柄に、細かく切れ込んだ葉（羽片）がついている、一言で言うなら「上品なかんじ」のシダだ。漢字で書くと蓬莱羊歯で、この名前からして、どこかエキゾチックな雰囲気も漂う。手元のシダの図鑑を開くと、アジアンタムについて次のような紹介文が掲げられていた（著者のシダ屋ぶりが発露されている文章で、それと同時に自分の文章を見返すと、シダへの愛が足りないなぁと思わされてしまう）。

「どうしてアジアンタムの足もとは、あんなに美しいのだろう。こまかくわかれた、かろやかで涼しげな緑の葉。それだけで観葉植物として十分美しいのに、まったく罪なことである（中略）――アジアンタムを見つめていると、ふいに雅歌の調べでも聞こえてきそうだ…」（『しだの図鑑』光田重幸、北隆館）

さて、メールをもらって、あらためて大学の周囲を見て回ることにした。

僕の勤めている大学は、那覇の観光スポット、国際通りからは、歩いて三〇分ほどのところにある。周囲は住宅街や狭い路地ばかりで、まとまった緑地はほとんどない。緑地がないどころか、舗装道路とコンクリートの建物ばかりで、土があらわになっている場所さえ少ないぐらいだ。大学もせいぜい、植栽された木と芝生があるぐらいで、それ以外は、隣接した墓地に藪があるといった程度だ。

ホウライシダなんて、生えていただろうか？

毎日通っている場所なのに、ホウライシダが近所に生えているのかいないのか、はっきりとわからない。シダの「扉」をくぐったとはいっても、僕には見えていないことが、まだ、たくさんあった。

校内のシダ

ホウライシダ探しをする前に一度、校内のシダを、学生といっしょに見て回ったことがある。シダ探しにつきあってくれたのは、ゼミ生で、かつ学年で一番虫がキライなミーナだった。

校内には、植栽されているシダがある。八重山では食用とされる、オオタニワタリ類のヤエヤマオオタニワタリだ。本来は木の幹や岩場に着生しているシダだが、植栽されたものなので、校内では、通路わきの土の上に整然と並んで生えている。

ミーナとの校内シダ・ウォッチングのとき、ヤエヤマオオタニワタリは、ちょうど新芽を伸ばしているころだった。シダの新芽といえば、ワラビやゼンマイでおなじみのように、くるりと巻いた姿をしている。このヤエヤマオオタニワタリの新芽も、先端部はくるりと巻いている。

「食べられるんだよ」と僕が言うと、ミーナは「ええっ?」と、うさんくさそうにシダの新芽を見返した。

そこで、「これって、シダの仲間なんだけど、シダって知っているかい?」と続いて聞いてみることにした。

ミーナの返事は、「くるんってなっているやつのことでしょう」と言うものだった。

校内とその周辺には、ホシダやリュウキュウイノモトソウ(口絵)といったシダも生えている。ホシダは種子島で、「家畜が食べるシダ」として教わったシダだ。ホシダの名は、穂羊歯からきている。ホシダは普通、一枚の葉が細かく切れ込んで、羽片というパーツに分かれているけれど、葉の軸のてっ

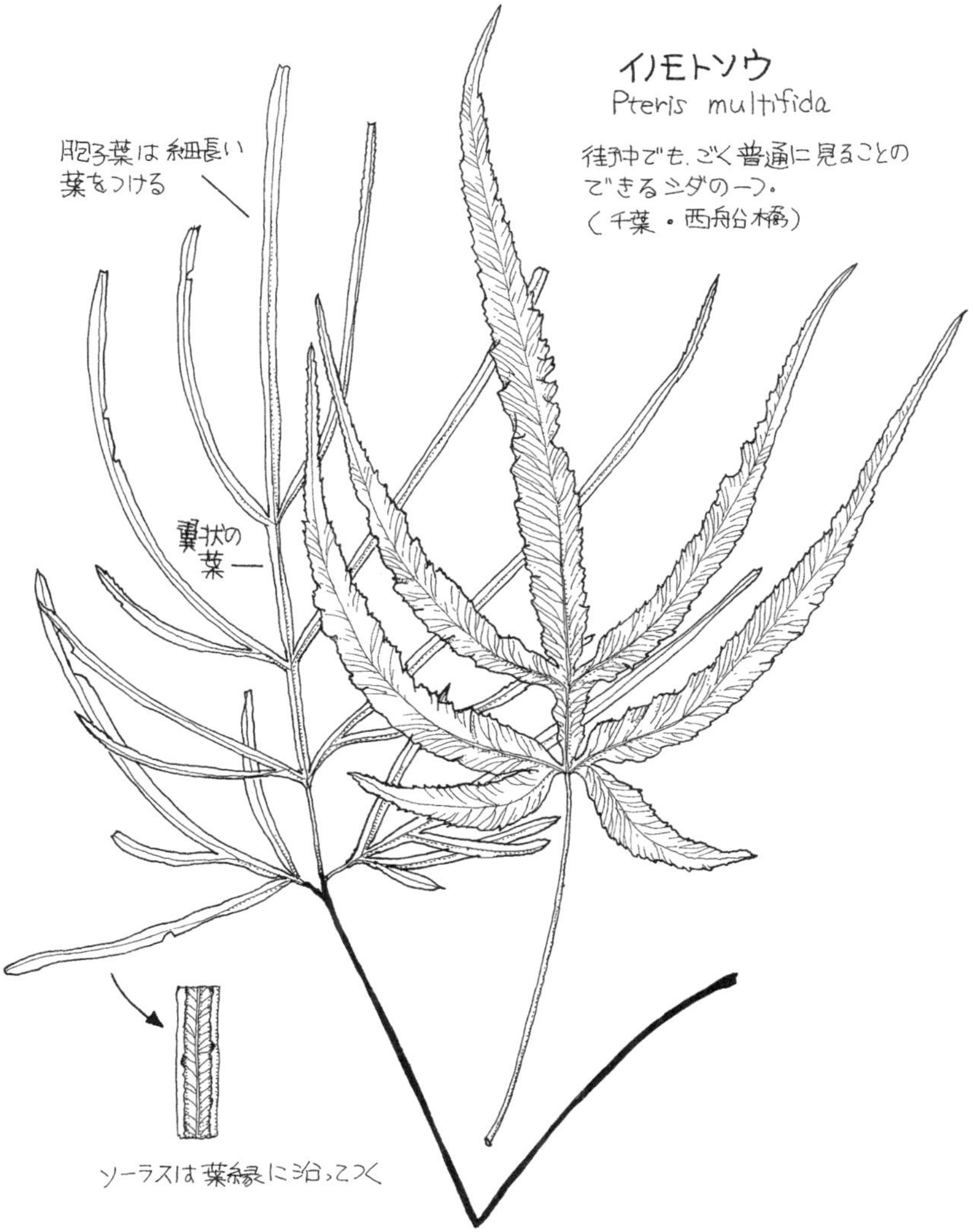
イノモトソウ
Pteris multifida
街中でも、ごく普通に見ることのできるシダの一つ。
（千葉・西船橋）
胞子葉は細長い葉をつける
翼状の葉
ソーラスは葉縁に沿ってつく

ぺんについている羽片が穂状に長く伸びているのでホシダの名がある。ホシダは、葉の質がかさかさと乾いた感じがするのも特徴で、気づいてみると大学周辺でもごく普通にみかけるシダだ。また、リュウキュウイノモトソウは、東京の街中でもごく普通に見かけるイノモトソウとよく似たシダで、ともに羽片がとても細長いのが特徴である。

こうしたホシダやリュウキュウイノモトソウを見て、「シダ？　ああ、くるくるのこと…」と、またミーナが言った。そう言えば七草粥問答のときにも、アヤが同様の発言をしていた。どうやら学生たちの中には「シダ＝くるくる」という図式があるらしいことに、このとき、気がついた。「新芽がくるくるしていて、なんだかそれを食べたりすることがあるものをシダという」といったものが、学生たちが持つシダのイメージのようだ。

校内のガジュマルの幹には、マツバランも生えている。ランとついているが花は咲かない、やはりシダの仲間だ。葉っぱらしきものは見当たらず、緑色の枝状のものが、次々に二分岐していくという姿をしている。地域によっては絶滅危惧植物として名があがっているシダだけれど、沖縄だと都市部でも普通に見かけるシダで、僕のうちのベランダの鉢植えにも生えていたりする。が、ミーナにとっては、初めて見る植物であるという。

「うーん、あれもシダなの？」

そう、首をかしげる。確かに、先の「シダ＝くるくる」という図式からすると、マツバランはシダらしくない。葉っぱらしきものは見当たらないし、新芽もくるくるなんてしていないからだ。さて、こうして校内のシダを見て回り、せっかくだからと、理科室に戻ったところで、ヤエヤマオオタニワタリの新芽をゆでて、ほかのゼミ生といっしょに食べてみた。

ミーナだけでなく、ほかのゼミ生もゆで上がった新芽をうさんくさげに見下ろして、なかなか箸を伸ばさない。

最初に手を伸ばした学生が、「ちゃんと食べられるよ。野菜みたい」と言う。「んー」と、おっかなびっくりで口の中に入れたミーナは、「意外に食べられる。なんだろう、何かに似ている味だけど…。意外においしい」と驚いていた。

ともあれ、こんなふうに、街中の大学の校内にだって、シダはある。

石垣のホウライシダ

校内のシダは、ミーナとの観察で、何が生えているかはチェックずみだった。そこで、学校周辺まで、調査地域を広げてみる。

大学の裏門から外に出て、少し離れた民家脇のドブ周辺に特徴的な大型のシダがあった。葉の切れ込みが普通のシダよりもずっとおおざっぱな、オキナワウラボシだ。

今度は大学の正門から、外に出る。大学に隣接して、高校がある。その高校の外壁の石垣を見て回ると、石と石の隙間に、草やシダが生えている。ホシダとリュウキュウイノモトソウが多い。わずかだが、カニクサも生えている。そして、この石垣に、あっさりお目当てのホウライシダが生えていた。

あんまり簡単に見つかったので、拍子抜けしてしまったほどだ。ただし、ホシダは石垣のあちこちに生えていたのだけれど、ホウライシダは、石垣の中でも、水が染み出てくるようなところに限って生えていた。

さっそく、ムラカミさんに、「那覇の街中にも、ホウライシダがありました」という報告メールを送った。返信がある。もともと、ホウライシダは、近畿地方では古くから和歌山の南端部にある白浜町で記録されてきたシダであったそうだ。「ホテルの立ち並ぶ小高い丘状の路傍や石垣にホウライシダがびっしり生えています」

「ただ、暖かいほど多くなるというイメージを持って和歌山に探しに行ったところ、和歌山の平野部ではホウライシダはそれほど多くなく、むしろ神戸や大阪ではびこっている気がします。都市的な気候がフィットしているのかも？　と思っています」

こんなメールを受けて、さらにホウライシダを探してみる。那覇の街中や、首里城周辺でシダ・ウォッチングをしてみたけれど、湿った石垣に好んで生えるようだった。沖縄島の北部には、やんばると呼ばれる山地が広がる。森の中を流れる川沿いを探してみたけれど、ホウライシダは見つからなかった。ホウライシダが見られたのは、海岸沿いの小さな滝の脇の岩場だった。すぐそばには国道が走る、人間くさい環境である。ホウライシダは湿っていて、かつ明るいところを好むよう。そのため、森の中よりも街の中の湿ったところのほうで、より見られるように思えた。

結局、沖縄は大阪や和歌山より暖かいわけだけれど、どこにでもホウライシダが生えているわけではなかったことになる。

ホウライシダは外来種？

ムラカミさんが、きしわだ自然友の会の通信、『メランジェ』（八巻一号二〇〇九年）に書いた「美しいシダの話アジアンタムのなかま」を読む。

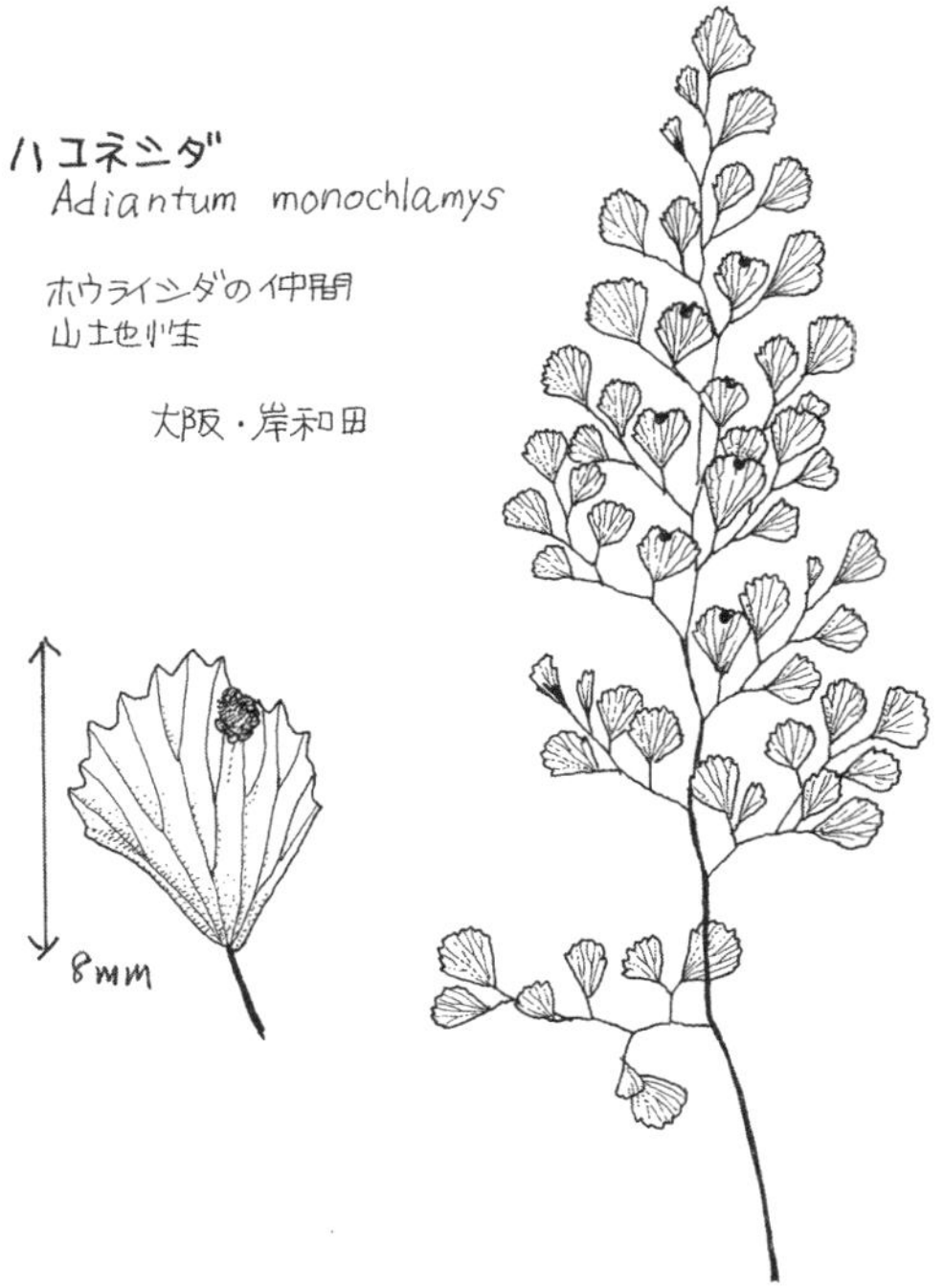

アジアンタムとはホウライシダ科ホウライシダ属の植物を指している（ホウライシダ属の学名がアジアンタム）。アジアンタムは世界に二〇〇種以上、国内からは八種が知られていると書かれている。大阪では山地に見られるハコネシダ、クジャクシダに加え、都市部にホウライシダが生えているが、近隣の兵庫県ではもう一種、都市部でカラクサホウライシダが見つかっているとある。つまりアジアンタムの中にも、ホウライシダや

カラクサホウライシダのように「街に生えるシダ」と、ハコネシダやクジャクシダのように「街に生えないシダ」という違いがあるということになる。シダに対してこんな見方をするのは、初めてのことだ。

このムラカミさんの文章に、ホウライシダは「外来種と考えられており、原産地は熱帯アメリカと推定されています。おそらく、温室などから逃げ出して定着したのでしょう」とあって、びっくりする。

ホウライシダって、外来種、つまりは帰化植物なの？

そもそも、帰化植物にシダの仲間があるということを、あまり聞いたことがないのだけれども…。

そこで、手元の本を調べてみることにした。

『原色日本羊歯植物図鑑』（田川基二、保育社、一九五九年）には「伊豆諸島、四国、九州に産し…」とある。『しだ その特徴と見分け方』（伊藤洋、北隆館、一九七三年）にも、ホウライシダの解説には「四国や九州の一番暖かい地方から南にある種類で…」とある。

こうした記述からすると、大阪に分布するようになったのは、これらの本の出版後ということになる。

さらに『日本の野生植物 シダ』（岩槻邦男、平凡社、一九九二年）を見てみると、「千葉県以西の本州南部と石川県、および四国、九州、琉球で（中略）世界各地の暖地に分布する。（中略）暖地に広く分布するが、温室からの逸出も混じっているかもしれない」と書かれている。

この本に書かれているホウライシダの分布は、先の二冊の本の内容と比べ、ずいぶんと異なり、より東日本まで広がっている。さらに、分布地として千葉の名が見える。

千葉といえば、僕の生まれ故郷である。ここまで調べて、気になることがでてきた。僕の実家は千

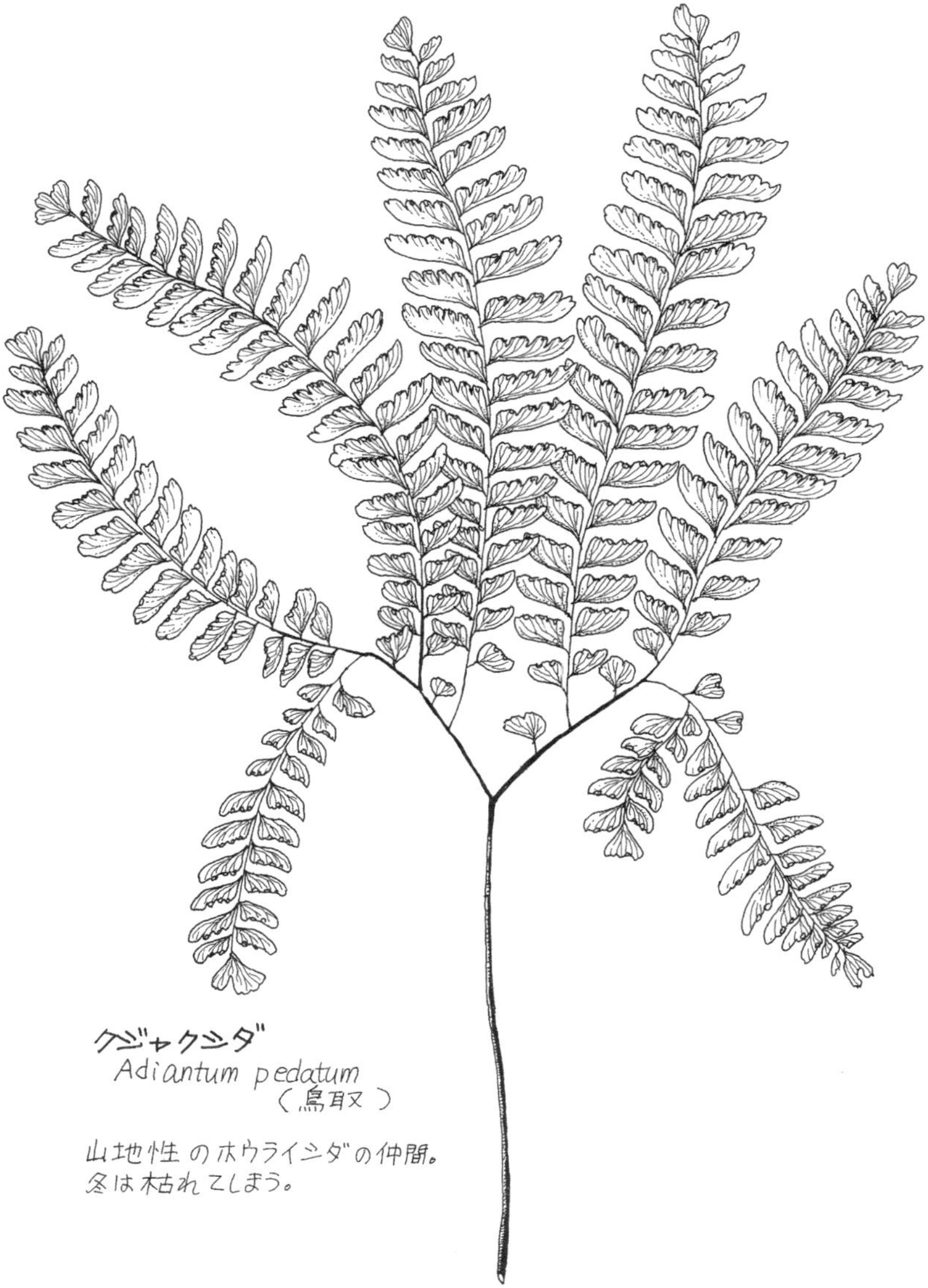

クジャクシダ
Adiantum pedatum
（鳥取）

山地性のホウライシダの仲間。
冬は枯れてしまう。

葉南端近くの館山という街の海岸近くにある。その実家近くの岩場には、ホウライシダがびっしり生えているのである。以前から、何か、違和感はあった。よくよく思い出してみると、一九六二年生まれの僕が小さかった頃には、ホウライシダが生えていた記憶がないのだ。先に書いたように、僕はシダにはうっすらと興味をもっていた。いろいろなシダの種類を見分ける力はなかったけれど、「街に生えないシダ」であるクジャクシダやハコネシダは、知っていた。美しい姿をしたシダとしてあこがれてもいた（これらは山地性のシダだけれども、旅行先でみかけたことがあったのだ）。だからクジャクシダやハコネシダの仲間であるホウライシダが少年時代から近所に生えていたら、覚えているはずだと思うのだ。

自分の記憶が間違っているのか、僕が生まれ故郷を後にしてから（僕は一九八一年に大学入学し、故郷を後にした）、ホウライシダが実家の近所に生えるようになったのだろうか？ ムラカミさんの「美しいシダの話」を読むと、その中に、『日本のシダ植物図鑑』（日本シダの会 東京大学出版会 三七九年）に載っている記録が紹介されていた。この図鑑によると、一九三七〜一九七八年の間の記録では、近畿地方からは兵庫県南部で三か所、和歌山県で二か所、ホウライシダの採集記録が記録されているけれど、大阪府の記録はないというものだった。この図鑑は、シダ各種の詳細な採集マップがつけられているのが特徴なのである。この本を見れば、僕の子ども時代、千葉にホウライシダが生えていたかどうかはっきりしそうだ。そこで、この図鑑を手に入れ、調べてみた。すると、関東地方でも東京と神奈川からの採集記録はあるけれど、千葉県の記録は皆無になっていた。

僕の記憶は正しかった。実家近くのホウライシダは、いつのまにか、生い茂るようになったものだったのだ。しかし、「いつ」はびこり出したかに、まったく気づかなかったことが、なんだか悔しい。

ムラカミさんの「美しいシダの話」には、千葉県の西船橋駅のホーム下にホウライシダが生えているという新聞報道も紹介されていた。千葉県は南方系のホウライシダにとっては、大阪よりも棲み辛い地域だろう。そんな地域で、ホウライシダは、駅のホーム下などに息づいている。駅のホーム下は、周囲よりも暖かい、ホットスポットであるようだ。それどころか、ムラカミさんは、地下鉄のホーム下に生えるホウライシダの例も紹介している。つまり日光ではなく、蛍光灯の明かりで育っているのだ。「街に生えるシダ」はたくましいシダなのである。

「街に生えるシダ」セット

ホウライシダに加えて、イヌケホシダ、さらにモエジマシダとイシカグマ（四種とも口絵あり）。これらのシダが、ムラカミさんがその挙動に注目しているシダたちだという。いわば「街に生えるシダ」セットというところだ。

イヌケホシダは、その名にあるようにホシダの仲間だ。ホシダに近い種類のシダに、ケホシダというシダがある。ホシダの葉はさわるとかさかさしているけれど、ケホシダの葉には、こまかな毛がビロード状に生えていて、触るととても気持ちがいい。イヌケホシダというのは、そのケホシダに似て、ちょっと違うシダ…ということだ。ケホシダもどき…といったところだろう。ムラカミさんによれば、このイヌケホシダは南方系のシダであるという。

モエジマシダというのは、リュウキュウイノモトソウと同じ仲間のシダで、やはり細長い羽片を持ったシダだ。ただし、リュウキュウイノモトソウよりも、羽片が多い。細長い羽片をもったその姿は、なんだかおしゃれな感じがして、僕の好きなシダの一つだ。図鑑をみると、モエジマシダの名の由来は鹿児島県にある燃島《もえじま》（新島《しんじま》の別称）からきているとある。燃島という島は、このシダの名前で初めて知ったのだけれども、桜島の近くにある、火山の噴火によってできた小島ということだ。こんな島の名を持つということは、このシダもまた、南方系のシダということだ。

イシカグマはカケイさんが、「家畜が食べないシダ」と言っていたシダだ（カグマというのは、調べてみると、シダの古名の一つであるのだという）。羽片は細かくいわゆる「シダっぽい形のシダ」だ。最初はどれがイシカグマか、いまひとつわからなかったのだけれど、見慣れてくると、ぱっと見ただけでイシカグマとわかるようになる。さらに確かめる意味で葉をめくる。シダに興味を持ち始めると、ごく当たりまえにやってしまうようになるのが、シダを見ると葉をめくって、裏側を見るという動作だろう。シダは花をつけないが、代わりに葉の裏に胞子のう（胞子のはいっているふくろ）の塊をつける（正確に言うと、つける葉とつけない葉がある）。この胞子のうの集まり（ソーラスという）の形や配置は、シダの種類を決めるときの大事な特徴の一つとなっている。だからシダの押し葉を作るときは、ソーラスがついている葉を選ぶし、葉をめくったときにソーラスがきれいについていると、嬉しくなる。イシカグマのソーラスは、切れ込みの細かな羽片の縁に、小さく「ちょん」とついている。このソーラスのつきかたは独特なので、葉をめくって、ソーラスが見えれば、イシカグマであると確

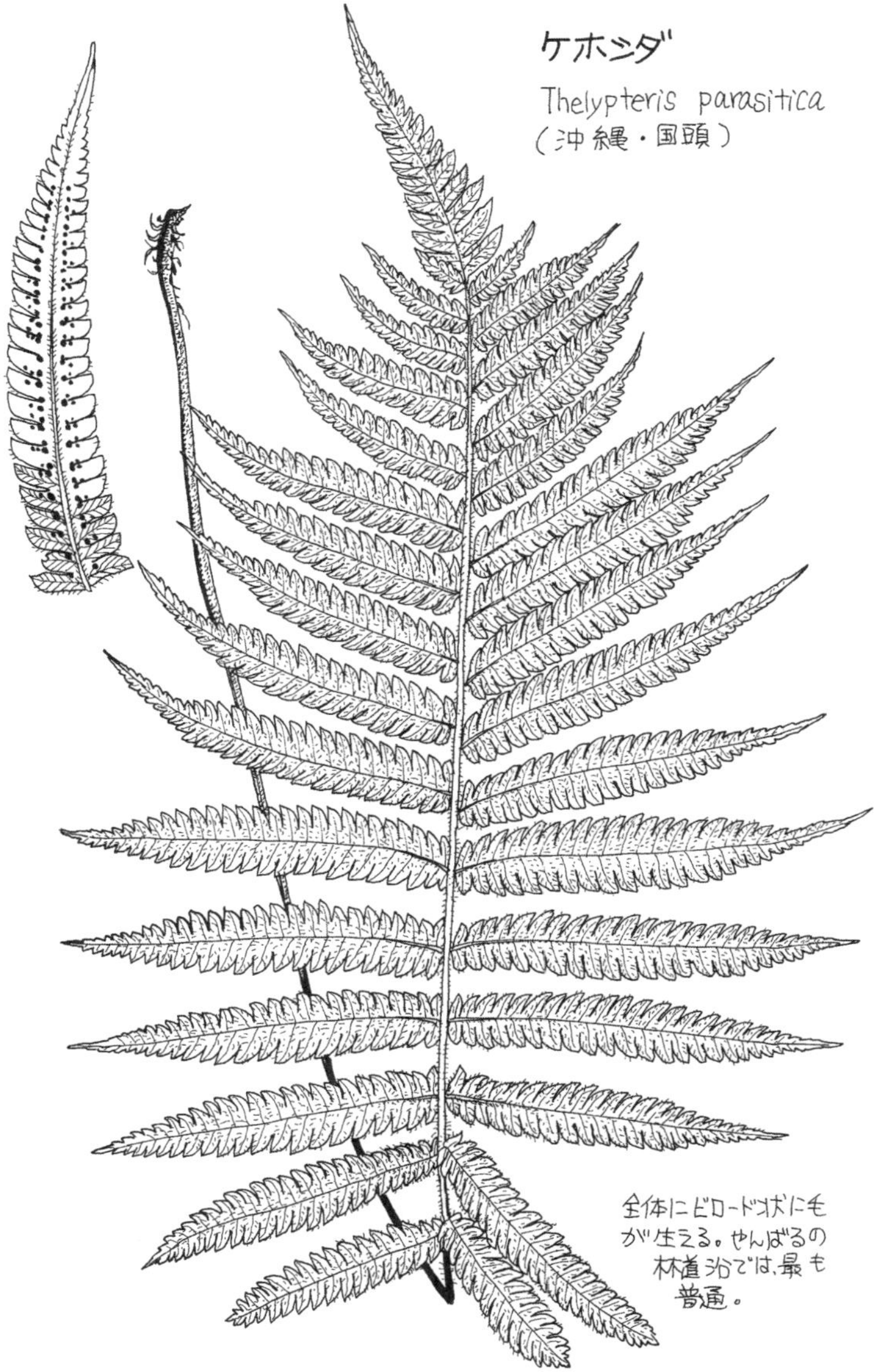
ケホシダ
Thelypteris parasitica
（沖縄・国頭）
全体にビロード状に毛が生える。やんばるの林道沿では、最も普通。

かめることができる。また、イシカグマは、たまたま僕が少年時代から名前を知っている数少ないシダの一つである。というのも、房総半島先端部・館山にある僕の実家の近所に、このイシカグマの北限の分布地があるからだ。千葉県の南端部が分布の北限ということは、このシダもどちらかといえば南方系のシダと言うことができる。

つまり、ムラカミさんのフィールドである大阪都市部で動向が注目されている「街に生えるシダ」は、どれも南方系なのだ。

「ヒートアイランド現象なのか。温暖化の影響なのか、わかりづらいものの、都市の温暖化傾向が関係していると思います」

ムラカミさんのメールには、そうある。ホウライシダは暖かいところを好んでいるが、湿気や基質など、他の環境条件も、生育には関係している。ムラカミさんが高知の植物園に問い合わせたところ、高知ではホウライシダは洞窟の入り口などに見られるシダという返事があったという。沖縄でホウライシダがよく見られるのは、明るい湿った岩盤や石垣上であることは、先に書いたとおりだ。

では、ほかの「街に生えるシダ」たちは、沖縄ではどんなと

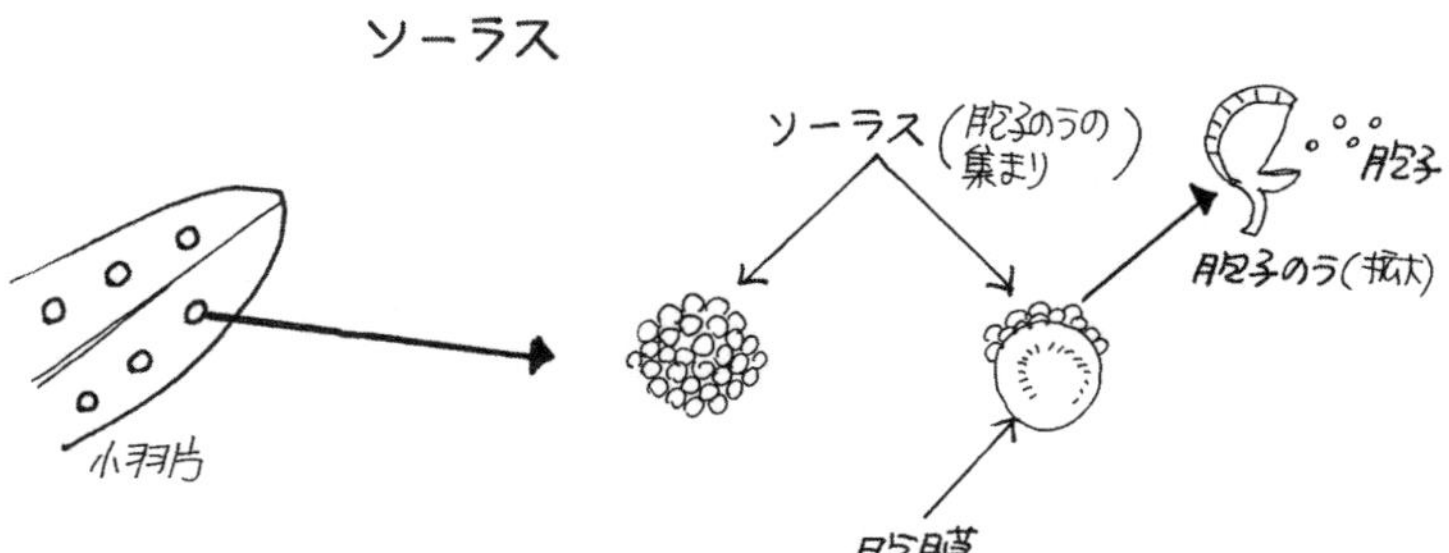
胞膜
（ある種類と、ない種類がある）

ころに生えているのだろう?

モエジマシダは沖縄では、ホシダほどではないにせよ、陽のあたる街中の石垣や、道端などで、普通に見ることができるシダだ。やんばるの林道沿いでも、ふと目につくことがある。

イシカグマとなると、産地が限られてしまう。沖縄島の中のあちこちのフィールドで気にしてみたけれど、それほど多くの場所に生えているシダというわけではなかった。このイシカグマは、林の縁や、明るい林床の土の上に生えている。イヌケホシダに関しては、街中でも農村でも森林でも、まったく見つけることができなかった。見つけられたのは、ケホシダばかり。ケホシダなら、やんばるの林道わきで、一番目につくシダだ。

こんな結果をまた、逐一、ムラカミさんにメールした。

「イヌケホシダがないなんて、ちょっとびっくりです。イヌケホシダは沖縄ではありふれているのではと思っていましたので…」

ムラカミさんの返信に、そうある。さらに、今度は僕がびっくりすることが書いてある。

僕にとっての「シダ師匠」であるはずのムラカミさんが、ケホシダを見たことがないとメールに書いていたのだ。やんばるの森では、あんなに普通にあるシダなのに? ここにも、「あたりまえ」は相対的であるという一例がある。

しかし、イヌケホシダというのは、どのようなシダなのだろうか?

「イヌケホシダとケホシダでは、写真で見る限りソーラスのつき方がずいぶんと違うような気がします。ケホシダのソーラスはずいぶんと羽片の端っこにつくかんじです…」ムラカミさんのこのメールを読んで、「イヌケホシダの葉をめくってみたい」などと、思ってしまう。

「もし沖縄で、イヌケホシダが大阪と同じ状況で生えているとしたら、生えている環境はほとんどホウライシダと似たようなところで、排水溝の側壁や石垣です。大阪では家と家の隙間の陰湿地も好きで、エアコンの室外機の周りにも多いです。エアコンの室外機の周りは特に熱いので、そこだけ温室のような環境になっているのではと思っています」

ムラカミさんのメールの続きを読んで気にしてみるが、沖縄の路地裏を探しても、やっぱりイヌケホシダは見つからない。南方系のシダというくせに、イヌケホシダは沖縄では目につかないのだ。不思議なことだ。そう思うと、イヌケホシダを見てみたいという思いがつのる。

年末、時間がとれそうだったので、岸和田自然資料館のムラカミさんを再訪することに決めた。「会いに行ってもいいですか？」とメールを送る。その際に、ケホシダの押し葉を持って行きますけど…と、手土産つきなことをさりげなくアピールした。

「ケホシダの押し葉をいただけると、とても嬉しいです」

さっそく返信が戻って来た。「イヌケホシダなら、岸和田市内でも、ごく普通に生えています。半日ぐらい、近所の里山をいっしょに歩いてシダを探してもいいですよ」そうも、書かれている。

関西の街中でのシダ探検から、いったい何が見えてくるだろうか？　期待は高まった。

イヌケホシダ詣で

冬休みがやってきた。

岸和田自然資料館のムラカミさんのもとへ、イヌケホシダ詣でに出かける。

シダに興味を持ち始めて、僕は少年時代以来、久々に押し葉を作り始めた。那覇の街中で見かけたホウライシダや、やんばるの林道沿いで見つけたケホシダに加え、やんばるの山の中で見つけた、いろいろなシダたち。アミシダ、ヘツカシダ、スジヒトツバ…エトセトラ。そんなシダたちの押し葉を、資料館について、まずムラカミさんの前で広げてみる。

ムラカミさんは、熱心に、一枚一枚の押し葉を見ていた。そして、「こんなのは、ここらへんでは、まるで見たことがないですね」なんていう感想をもらした。やんばるの森は南の森なのだ。関西地方では見られないシダが豊富に生えている森なのである。それらの押し葉の中で、ムラカミさんが一番喜んでいたのは、メールで手土産にもっていくことを約束していた、ケホシダだった。

「これが、ケホシダですか」

押し葉をしげしげとながめて言う。

「思っていた以上に、ケホシダは、イヌケホシダと姿が似ていますね。図鑑を見ると、イヌケホシ

スジヒトツバ
Cheiropleuria bicuspis
（沖縄・国頭）

南方系のシダで、林内の沢沿の土手などに生育する。

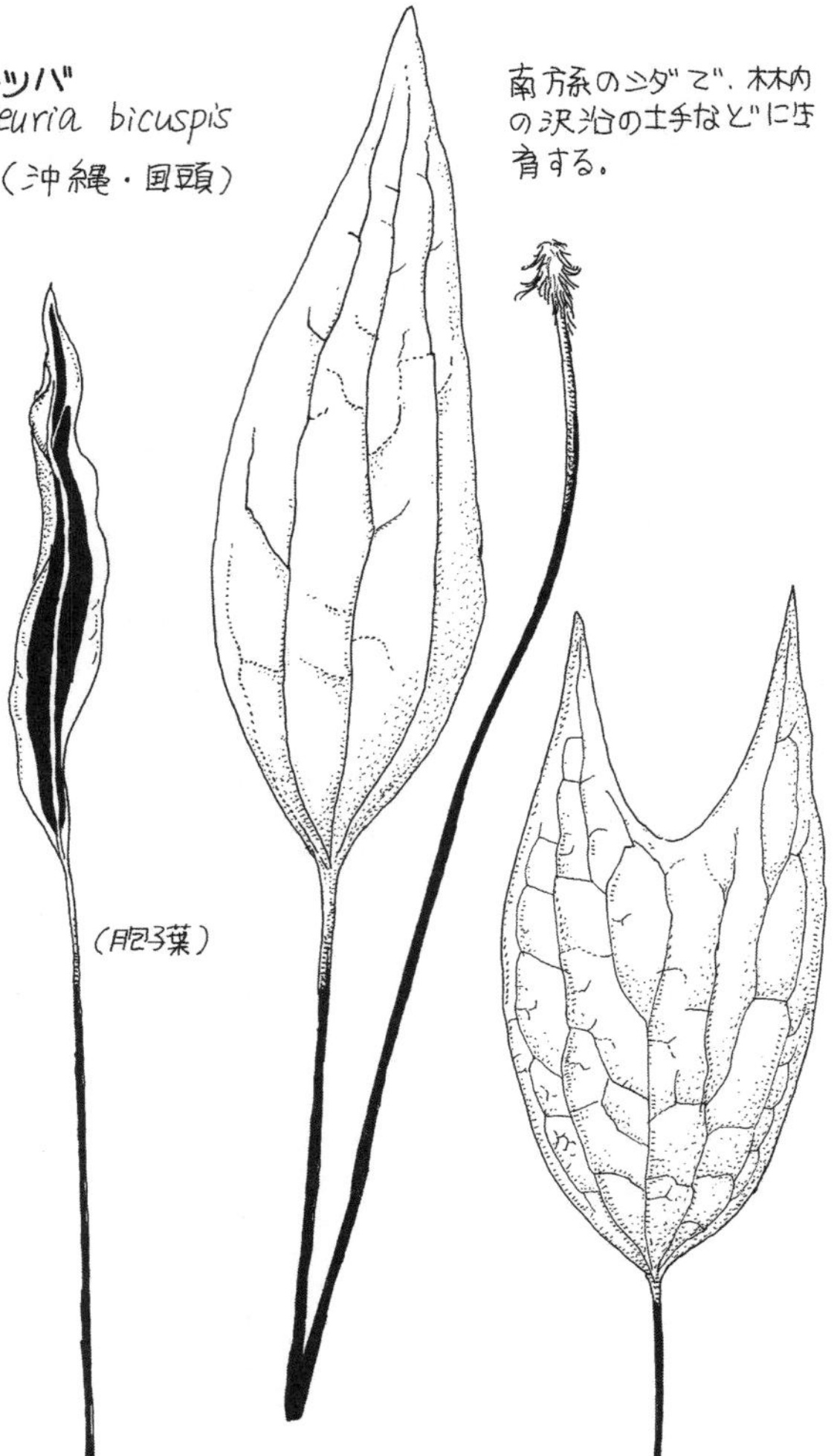

ダの特徴は、最下羽片（一番下についている羽片）が小さくなることと書いてありますが、そんな姿になるのは、イヌケホシダが十分、大きく成長したときです。でも、街中では、草刈があるので、イヌケホシダが十分、大きく育つことは少ないんです。また、イヌケホシダは、そんなふうに、よく草刈があるような環境に育っているんですよ。だから、最下羽片の特徴だけでイヌケホシダを見分けようとすると、間違ってしまうと思いますよ。ともかく、ケホシダの押し葉、嬉しいですね。見たことがなかったですから」

先にも書いたが、このケホシダはやんばるの林道沿いでは、最普通種だ。ムラカミさんは、そんなシダの押し葉を見て大喜びをしている。まさに、所変われば、品変わる…である。

「ユニバーサルスタジオという観光名所があるでしょう。あそこでは、ホシダを植栽しているんですよ。そのホシダの葉のあいだから、イシカグマも顔を出したりしています」

今度は、僕が驚いた。「ホシダなんて、わざわざ、植栽したりするんですか?」と。ホシダは、那覇の街中では、最も普通に見かけるシダだからだ。

「関西では、ホシダはあまり、街中にはでません」

「街に生えるシダ」も、地域によって違いがあるということなのだ。

ただ、大阪と那覇の街中で、生えるシダに違いがあることは、僕もわかる気がする。しかし、大阪と東京でも不思議なことに、街に生えるシダが違うんですと、ムラカミさんは言う。

「僕の調査では、西日本に比べ、東京や千葉でイヌケホシダの姿を見る機会は、確率的にぐっと低いです。今、千葉と大阪では平均気温でわずか一度くらいの違いなんですが、そんなわずかな差が効いているのか、イヌケホシダはまだ分布拡大中だからということなのか、まだわかりません。たとえば大阪の街中にはクマゼミが多いけれど、東京にはいないでしょう。かわりに東京の街中ではミンミンゼミが鳴いていますけど、大阪の街中ではミンミンゼミの声を聴きません。こんな現象と似ているのかもしれませんね」

ムラカミさんは、そう言った。

「イヌケホシダは、もともと熱帯性のシダのはずですけど、冬になっても、意外に枯れません。岐阜県の郡上市にイヌケホシダを見に行ったら、真冬ではさすがに地上部は枯れていましたが、根茎は生きていました。イヌケホシダが生えていたのは石垣だったんですが、石垣って、周囲に比べると暖かいんだと思います。それにしても、案外、しぶといもんだなって思いました」

「街に生えるシダ」を見るといっても、マクロとミクロの二つの見方があるということだろうか。マクロに見ると、「街に生えるシダ」セットのような南方系の種類が北上中という、共通性が見えてくる。ミクロな目でみると、「あの街に生えているのに、この街に生えていない」とか、「こんなところに、これが生えている」といったさまざまな違いが見えてくる。

さて、押し葉を見ながらのシダ談義に一区切りがついた。「イヌケホシダを見に行きましょう」とムラカミさんが声をかけてくれる。

「そのために沖縄から大阪に来ました」そう答えると、笑われた。ムラカミさんによれば、イヌケホシダなどの「街に生えるシダ」は、「シダ屋さんも目を向けてくれないシダ」なのだそう。「街に生えるシダ」なんて、シダ屋的に言えば、「駄シダ」なのだ。

イヌケホシダはカッコイイ

資料館から外へ。

「あっ、刈られている…」

最初のイヌケホシダ・ポイントで、アクシデントが発生。お目当てのイヌケホシダが、すっかり刈り取られてしまっていたのである。しかし、こんなアクシデントが起こることが、いかにも街の中に生えるシダらしいとも言える。その場所から歩いてすぐのところに、次なる発生ポイントがあった。車の停めてある路地の、アスファルトのすきまに、シダが一列に生えていた。それが、初めて見る、イヌケホシダだった。

一枚の葉を見てみると、イヌケホシダの葉は、ホシダやケホシダに比べ、細長いフォルムをしている。これを見て、「カッコイイじゃないか」なんて思ってしまう。

生き物屋は、生き物を見ると、つい、「カッコイイ」という言葉をつぶやいてしまうものである。何をもって、特定の生き物のことを、「カッコイイ」という言葉で形容するかということに、きちんとした定義があるわけではない。が、「カッコイイ」という言葉は、おおむね、「珍しいもの」「変わっているもの」という用語の範疇が当てはまる生き物に対して使用されることが多い。沖縄に住む僕の場合、イヌケホシダは「珍し」く、かつ、普段目にしているホシダやケホシダの姿からすると「変わって」見えた。だから、ついつい、「カッコイイ」なんて思ってしまったのだ。

ムラカミさんは、シダ屋である。だから、さっそく、イヌケホシダの葉をめくる。

「ほら、真冬なのに、胞子が熟しています」

ムラカミさんが、葉裏のソーラスを指し示しながら、言った。

シダの図鑑には、普通の植物図鑑と違って、花期が書かれていない。シダは花をつけないから、当然のことだ。しかし、シダにも、季節に応じて、いつ葉をひろげ、いつ胞子を成熟させるかという一年のリズムがある(フェノロジーという)。イヌケホシダは熱帯起源であるとムラカミさんは言った。それなのに、冬でも胞子を成熟させていた。逆に言えば、熱帯では、季節に応じる必要がないのだ。こうした季節性のなさは、都市部で広がるのには適した性質なのである。

通りを隔てた店先に目をやると、手水鉢にホウライシダの姿があった。本当に、大阪では、イヌケホシダとホウライシダはセットのようにある…と、これを見て、思う。

イヌケホシダの押し葉

せっかくなので、イヌケホシダを採集することにした。ムラカミさんの話では、大きく生長したものと、小型のものでは葉のフォルムが違って見えるというので、いくつか大きさの異なる葉を採集した。とりあえず新聞紙にはさんで持ち帰り、沖縄に戻ってから、本格的に重石をのせて、押し葉を作ろうと思う。

何屋にとっても、「あたりまえ」はある。虫屋の家の冷蔵庫には、虫が入っているのが、「あたりまえ」。骨屋にとっては、骨を煮出す専用の鍋が大小そろえてあるのが「あたりまえ」。シダ屋にとっては、何より押し葉を作るのが「あたりまえ」。

「シダは、手をそんなに加えなくても、きれいな押し葉ができますからね」とムラカミさんが言う。

押し葉作りは、基本的に採ってきた植物を新聞紙にはさみ、その上に板をしいて重石をのせるという、ごく、簡単な作業だ。ただし、押し始めは、新聞紙を一日に一回、取り替えたほうがいい。花のついた標本の場合だと、最初のうちは、一日に数回、新聞紙を取り替えたほうがいいだろう（最近は、新聞紙にかわって、専用の吸水用紙を使うこともある）。花びらの色は、変色しやすいからだ。また、太い茎をもった植物の場合なら、うまく押し葉となるように、茎を半分に切るといった工夫も必要となる。が、シダは押し葉作りに関して、それほど手がかからない。変色しやすい花もつけないし、基本的に二次元の姿をしているからだ。頻繁に吸水用の新聞紙を取り替えなくて済むという点では、無精者の僕に似合っているとも言える。

ところが、押し葉作りは最近、絶滅危惧にあるとムラカミさんが言うので驚いてしまう。「押し葉を作らなくても、スキャニングで代用できますし」と言うのである。

ああ、確かにと思う。

押し葉はごく簡単な作業といっても、作り上げるまでには一〇日ほどかかる。それに、でき上がった押し葉は、害虫やカビがつかないように、保管に気をつける必要がある。さらにぺらぺらの押し葉も、量がたまると、それなりに居住環境を圧迫しだす…。そんな点からすれば、確かにスキャニングで画像を取り込むほうが楽だ。色が残るという点では、スキャニングのほうに分があるだろう。ただ、そうは言っても、僕は、どこかしっくりこない気がする。僕はシダを押し葉にする。それだけでなく、押したシダをスケッチする。シダの葉は種類によって、複雑に切れ込んでいるものもあるから、これは結構、時間のかかる作業となる。苦行に近い思いもする。確かにこんなことをせず、簡単にスキャニングもできる。けれど、押し葉を作り、その押し葉をスケッチすることで、僕は初めてそのシダが自分の中に取り込まれたような気になるのだ。

「以前は資料館で、学校の先生対象に、押し葉標本の作り方教室を開いていたんです。ところが、教室を開いても、だんだん集まる人が少なくなってしまって、ある年から、二年ぐらい、教室を開なかったんですよ。そうすると、それまで、夏休みになると誰かしら子どもが押し葉を資料館に持ってきたんですけど、それがいなくなっちゃった。あっ、これは、放っておくと、押し葉作りは絶滅するな…と思って、教室を再開しました。すると、また夏休みに、押し葉を子どもが持ってくるようになったんですけど…」

ムラカミさんは、押し葉について、こんな話をしてくれた。

後の話になるが、クニマサさんと沖縄島北部にある奥集落近隣の森を歩いていて、偶然、ホウライシダを見つけたときのことである。すかさずクニマサさんが、「これ、昔からあったような気がするな。夏休みの押し葉にしやすかった覚えがあるから」と言った(森の中の、海岸に面したがけ地でのこと。ここは、本来のホウライシダ自生地かもしれない)。クニマサさんは、押し葉がわかる世代ということだ。

一方で、僕の大学の学生たちに、「押し葉って知っている?」と聞いてみると、「押し葉って何?」と聞き返された。

「押し花なら知っているよ」

「うん、小学校のとき、アサガオの押し花を作って、しおりとか、作った」

「押し葉って、葉っぱも押すの？」

学生の顔を見ると、「葉っぱなんか押して、どうするの？」という顔をしている。

ああ、なるほどと思う。現代では、装飾的な押し花は知られているけれど、標本としての押し葉は未知の存在になりつつあるということなのだ。やはり押し葉づくりは、絶滅危惧状態にあると言えそうだ。

イヌケホシダ調査

じつは、ムラカミさんとイヌケホシダの出会いは、今や絶滅危機にあると言う、押し葉作りに端を発する。

「小学生のある子と、資料館あたりのシダを採集

して、標本を作ることになったんです。そうしたら、その子が、イヌケホシダを見つけてきたんですよ。そのとき、イヌケホシダを初めて見ました。最初はホシダと思ったんですけど、どうも違う。でも、自分の持っていた図鑑には、それらしいものが出ていないし。困って、シダで著名な先生のところへもっていったら、これはイヌケホシダで…と教えてもらえました。それが、きっかけです」

こんなことだってある。わざわざスケッチをするかどうかは置いておくとしても、押し葉作りは捨てたものではない。押し葉がきっかけでイヌケホシダに出会ったムラカミさんは、やがてイヌケホシダの分布調査のために、関東まで遠征するようになる。

「茨城まで行きました。でも、茨城では今のところ、イヌケホシダは見ていません。その手前の千葉や東京が今のところ、イヌケホシダの東限です。ただ、さっきも言いましたけど、千葉や東京ではイヌケホシダは少ないです。千葉や東京の街のシダといったら、イヌワラビでしょう」

イヌワラビは冬になると枯れてしまう（夏緑性という）葉の柔らかいシダで、館山の僕の実家の庭や畑周辺にも生えている、人里周辺でごく普通にみかけるシダだ。

どんなふうに、イヌケホシダの調査をするのだろうか？

じつはムラカミさんは、鉄道に乗るのが好きなのだそうだ。鉄道に乗って、ひたすら駅ごとに降りて、駅周辺で生えているシダを見て回るというのが、調査方法なのだそう。

「山口や広島の辺りでは、ほぼ、すべての駅にイヌケホシダが生えています。こういう状況は静岡辺りまで続いています。それが、熱海ぐらいからイヌケホシダの姿が見えなくなります。そこから急に、イヌワラビの世界になるんです。不思議ですね」

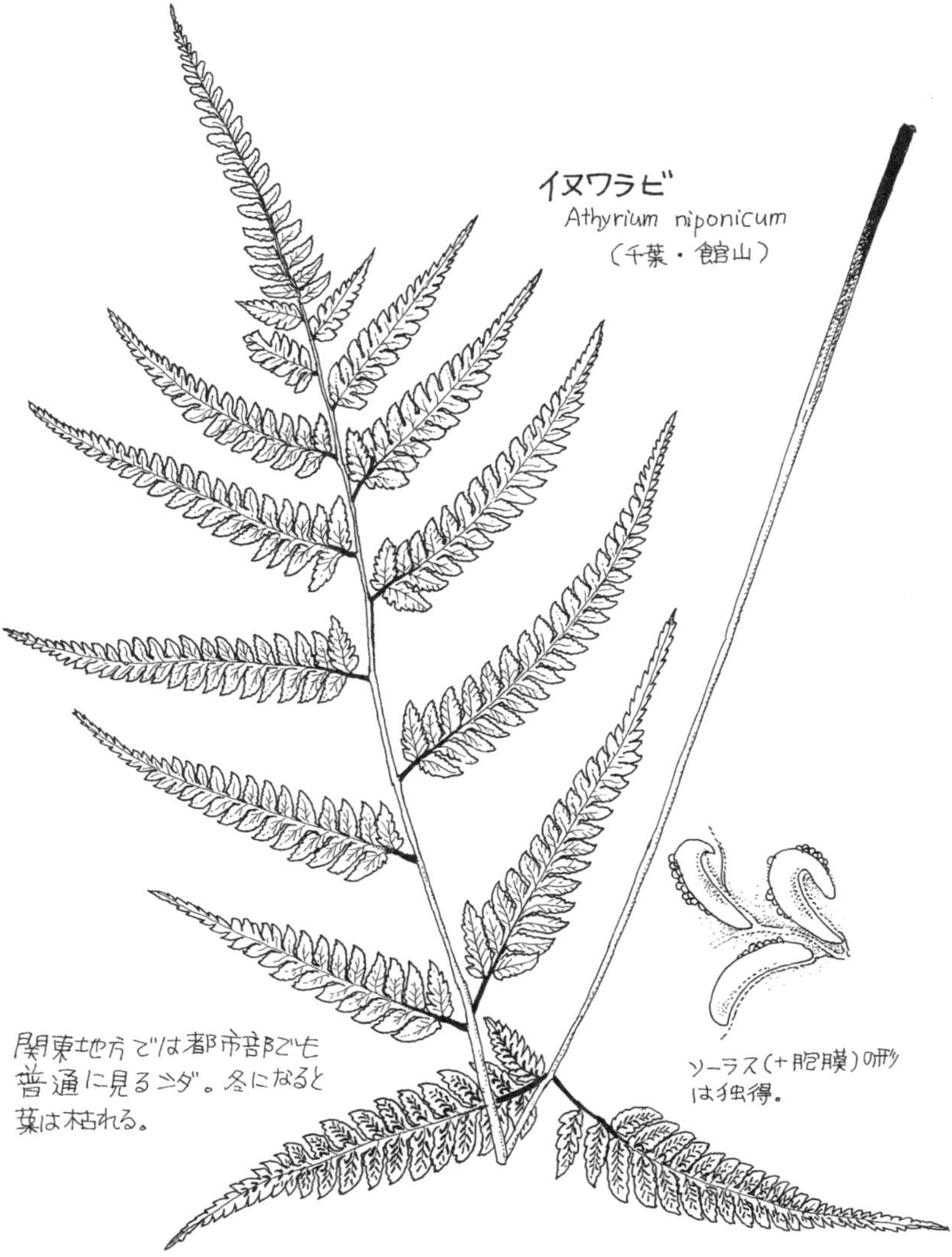
イヌワラビ
Athyrium niponicum
(千葉・館山)
関東地方では都市部でも
普通に見るシダ。冬になると
葉は枯れる。
ソーラス(+胞膜)の形
は独得。

駅のホーム下は、南方系のシダが見つかるホットスポットのようなものであることが、ムラカミさんの文章に書かれていた。となると、ホーム下のシダを見て回るということだろうか？　まさか、ホーム下に降りるわけにはいかないだろう（駅員に止められるのは必至だ）。では、双眼鏡で観察する？

それもまた、かなりあやしそうである。

「ホーム下に生えているシダを確認するときも、双眼鏡は使いません。駅から一度降りて、路地裏とかを見て回るんです。路地の周りの石垣とか、溝とかも、ホーム下と似たような環境らしく、そうしたところに生えていることが多いんです」

鉄道沿線のイヌケホシダを調べると言っても、いちいち、駅ごとに降りて、路地裏を探して回るというのだから、かなりの手間だ。

「東京の品川駅にも、こうしたシダが生えているんですが、これは構内だったので、採れませんでした。駅員に採りたいって言ったんですけど、〝こいつは、何を言っているんだ？〟っていう顔をされてしまって。生えていたホームは、臨時用ホームで、普段は使っていないから、別に採りに降りてもいいじゃんと思ったんですけどね」

ちょっと憤慨したように、こんなことを言うムラカミさんを見て、少しおかしくなる。

駅にもシダは生えている。言われてみればなるほどなのだが、駅に生えているシダなんて、それまで目に入っていたとはしても、まったく見えていないものだった。

大阪イヌケホシダ詣でに出向いたら、東京沿線、シダ巡りもしてみなくてはと思わされたのだった。

東京沿線シダ巡り

岸和田自然資料館を訪れたのは年末のことだ。そこで、そのまま東上し、千葉の実家に年末年始の帰省をした。その途上、自分でも、東京周辺の駅で、シダをさがしてみることに。ムラカミさんが、シダを採集しようとしてはたせなかった、品川駅に行ってみる。が、駅構内が広すぎて、全部を見きれない。いったいどこがホウライシダやイヌケホシダの生えているポイントなのだろう？　結局、ポイントが見つからなかった。

「山手線の田端の石垣はホウライシダがすごいです」

ムラカミさんからは、こんな情報も得ていた。

こちらの情報は、確認がしやすかった。田端駅の京浜東北線の大宮方面行のプラットフォーム沿いに、石垣があり、そこにホウライシダがどっさりと生えていた。何より、実際にやってみると、駅周辺のシダ・ウオッチングはなかなか、手間がかかることを、実感する。

御茶ノ水駅では、スギナ、イノモトソウ(那覇の街中で見かける、リュウキュウイノモトソウに似たシダ。東京や大阪の街中でよく見るシダの一つ)、それに濃い緑の厚い葉を持つオニヤブソテツ（口絵）が線路脇に生えているのが見えた。ただし、ホウライシダやイヌケホシダの姿は見えない。駅周辺に、必ずホウライシダやイヌケホシダがあるというわけでは、もちろんない。秋葉原駅でも、目についたのはイノモトソウだけだった。

総武線の西船橋駅では、ホーム下のうすぐらい地面上に、ホウライシダがたくさん生えている。ホームの端っこ近くでは、ほとんど緑のじゅうたん状に生えていて、圧倒される。まじまじと見ると、なんだか異様な光景に思えるほどだ。近寄って見ることができなかったので、確かめられなかったのだけれど、ホーム下にはイヌケホシダらしきシダも生えているのが見えた(ほかにはオニヤブソテツやイノモトソウが生えているのが見えた)。駅から降りて、周辺を歩くと、ここでは構外でもホウライシダが生えているのを確認することができた。

南の島のシダ利用を聞き集めていると、僕たちは「どこから」来たのかを見る思いがしてくる。街中のシダを追っていると、僕たちが今「どこ」にいるのか見えてくる思いがする。

しかし、時代とともに変化しているのは、街中のシダだけではなかった。

ゼンマイなんて珍しい?

岸和田自然資料館でムラカミさんに話を聞いたとき、ムラカミさんは資料館から車で一時間ほどのところにある森へ、シダを見に連れて行ってくれた。

車から降りたムラカミさんが、緑のドウラン(胴乱)を肩からかけて歩き出すのを見て、ちょっとびっくりしてしまう。ドウランなんて見るのは、どのくらいぶりだろうかと思う。現代っ子の大学生たちにドウランを見せても、おそらく、なんだかわからないに違いない。ドウランは植物採集の用具だ。ドウランは、ノリの入った缶を大型にして、押しつぶしたような形をした、ブリキ製の筒状の容器で、側面は植物を出し入れできるように大きく開く。採集した植物を押しつぶさずに持ち帰るのには便利だが、ドウラン自体がかさばるので、ビニール袋に押されて、その姿を見なくなっている。そんなドウランを肩にしているなんて、ムラカミさんは、正統派のシダ屋である。

　とあるお寺の駐車場に車を置いて歩き出すと、道沿いの樹幹にマメヅタに混じって、ビロードシダが沢山生えているのが目に入った。マメヅタもビロードシダもともに着生《ちゃくせい》シダだ。この両種とも、僕が少年時代にシダに目が向くきっかけとなったヒトツバと同じく、ウラボシ科と呼ばれるシダの仲間である。このウラボシ科には、着生して生活するシダが多い。道脇の石垣に目をむけると、イヌシダ、オオバノイノモトソウ、チャセンシダといったシダが生えている。

　お寺に着く。このお寺はモミジの名所らしいのだけれど、訪れたのは年末だから、まったくの季

節はずれ。僕らのほかに、人影はなかった。境内に生えているシダの名前を、ムラカミさんに教わる。オオハナワラビ、オオイタチシダ、カタヒバ。石垣に目を向けると、ホウライシダの仲間だけれど街中に生えることはない、クジャクシダが生えている。ただしこのシダは冬、枯れてしまうので、すっかり茶色になったものばかりだったのが残念だった。同じく、ホウライシダの仲間で、山に行かないと目にしないハコネシダも生えていた。道は寺を越えて、山の手に向かっていた。

「これが、ハカタシダ、こっちはオニカナワラビ」

ムラカミさんの教えてくれたシダは両種とも、硬い葉を持つカナワラビの仲間だ（金ワラビという意味）。僕は食べ物も生き物も、「硬いもの」が好なので、この仲間は無条件に「カッコイイ」と思う。

「ウラボシノコギリシダです」とムラカミさん。

指されたシダを見ても、最初は「ふーん」としか思えない。カナワラビのように、葉が硬そうではない。だから、そんなにカッコイイと思えない。が、「これはちょっと珍しいんです」とムラカミが重ねて言う。現金なもので、シダ屋に「珍しいシダ」と言われると、とたんに貴重なものに見えてくる。オオキヨミズシダ、オオヒメワラビモドキ、キヨスミヒメワラビ。まだまだシダは見つかっていく。メモをする手が忙しい。一度聞いただけではとうてい名前は覚えきれない。名前を口にしても、なんだか、舌をかみそうでもある。

「キヨスミヒメワラビは、それなりに、採れると嬉しいシダですよ」こんなコメントも発せられる。と、キヨスミヒメワラビの生えている一角で、「おや？」と思うシダが目に入った。千葉の実家近くでもよく見る、オニヤブソテツ（口絵）というシダの仲間だ。けれど、羽片の数が少なく、一つ一つの羽片

キヨスミヒメワラビ

Ctenitis maximowicziana

（大阪・岸和田）

羽片の切れ込みが細い。
暖地性で、林床に見られるシダ。

がとても大きい。ひょっとして、これは図鑑で見たことのある、ヒロハヤブソテツではなかろうか？

「そうです。ほかのヤブソテツの仲間と間違うことはないですよ。特徴的でしょう」

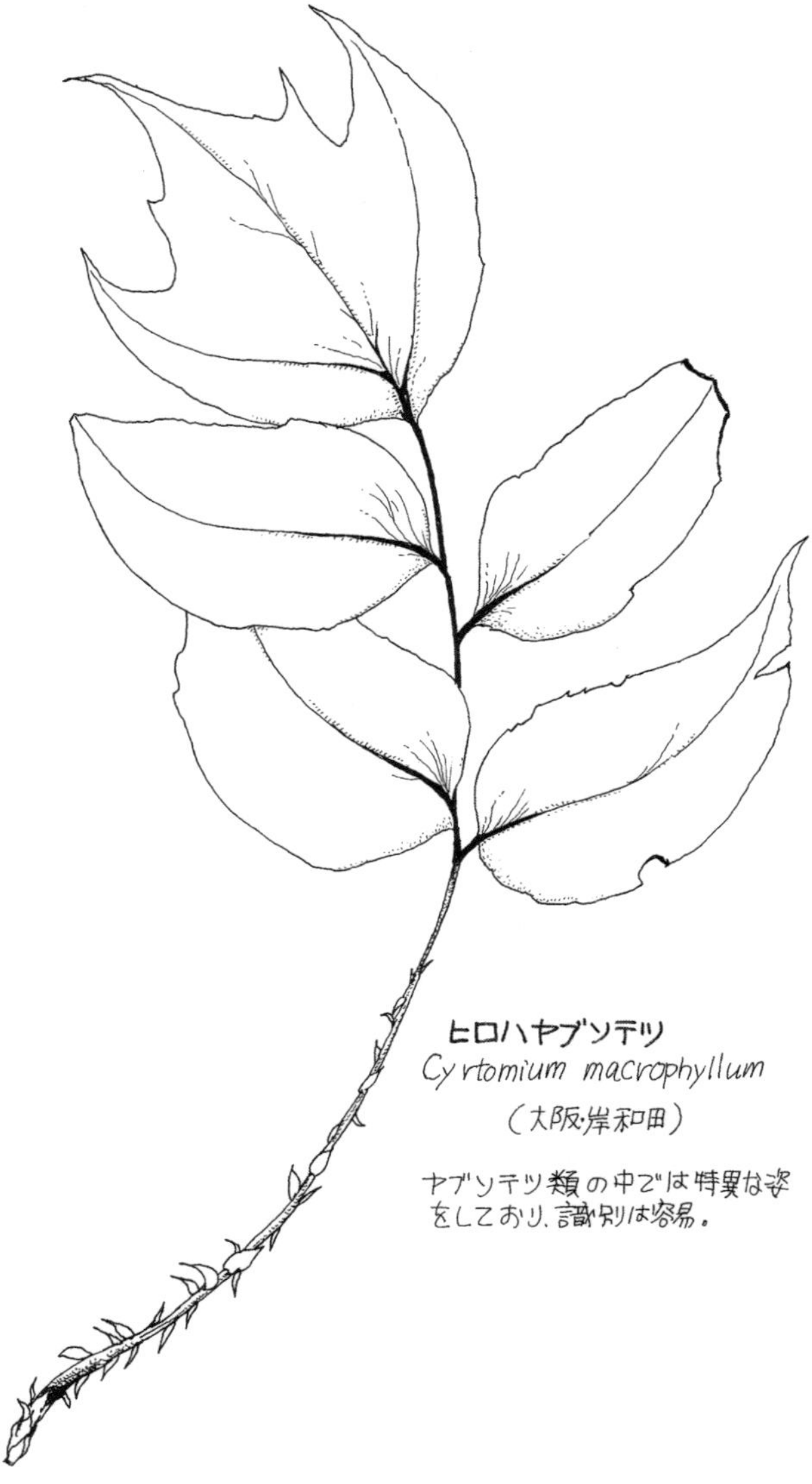

ヒロハヤブソテツ
Cyrtomium macrophyllum
（大阪・岸和田）
ヤブソテツ類の中では特異な姿をしており、識別は容易。

ムラカミさんがうなずいた。嬉しい。ヒロハヤブソテツはとてもカッコイイ、シダだから。

「それにしても、ヒロハヤブソテツを、この場所で見つけるのは、初めてですよ」

ムラカミさんは、ちょっとびっくりしていた。シダだろうがなんだろうが、そういうことがあるのが、生き物を探していておもしろいところだ。

道はやがて植林地の中の上り道に。ここで、ムラカミさんのベニシダ類のレクチャーが始まった。ベニシダの仲間は身近で見られるシダの一つだ。それこそ、街の中のシダ探しをしてみたら、東京駅の八重洲口付近にも生えていたシダだ。ところが、このベニシダ類は、似た姿をした種類がいくつもあって、見分けるのが難しい。生き物屋に共通してみられる一つのパターンに、「見分けるのが難しいもの」にこそ、「そそられる」という傾向がある。だからムラカミさんに言わせれば、「ベニシダだけで二時間も語れる人がいる」のだそうだ。まさに、僕が高校時代に会ったシダ屋の先生を思い出す。僕らがこの日歩いた森でも、ベニシダとオオベニシダという似通ったベニシダ類がいっしょに生えていた。

「オオベニシダはベニシダに比べて、色合いが薄くて、葉にツヤがないでしょう。これは理屈ではなく、見た感じでわかります。オオベニシダとベニシダ、シダ屋的には見分けには困らないんですが、そうじゃない人に、違いを説明するのは難しい。色の違いは、言葉で説明をするの、難しいですから。オオベニシダはベニシダよりは少なくて、ちょっと尾根的なところに多いですね。ベニシダはどこにでも生えます…」

ムラカミさんの話をフンフンと聞くが、やっぱり、シダに関して似たものを見分けるのは、容易

ベニシダ

Dryopteris erythrosora

（大阪・岸和田）

街中でも見ることのできるシダの一つ。
オオベニシダなど、似た姿の種も
多い。

若い葉は、名のとおり、
赤味がかる。

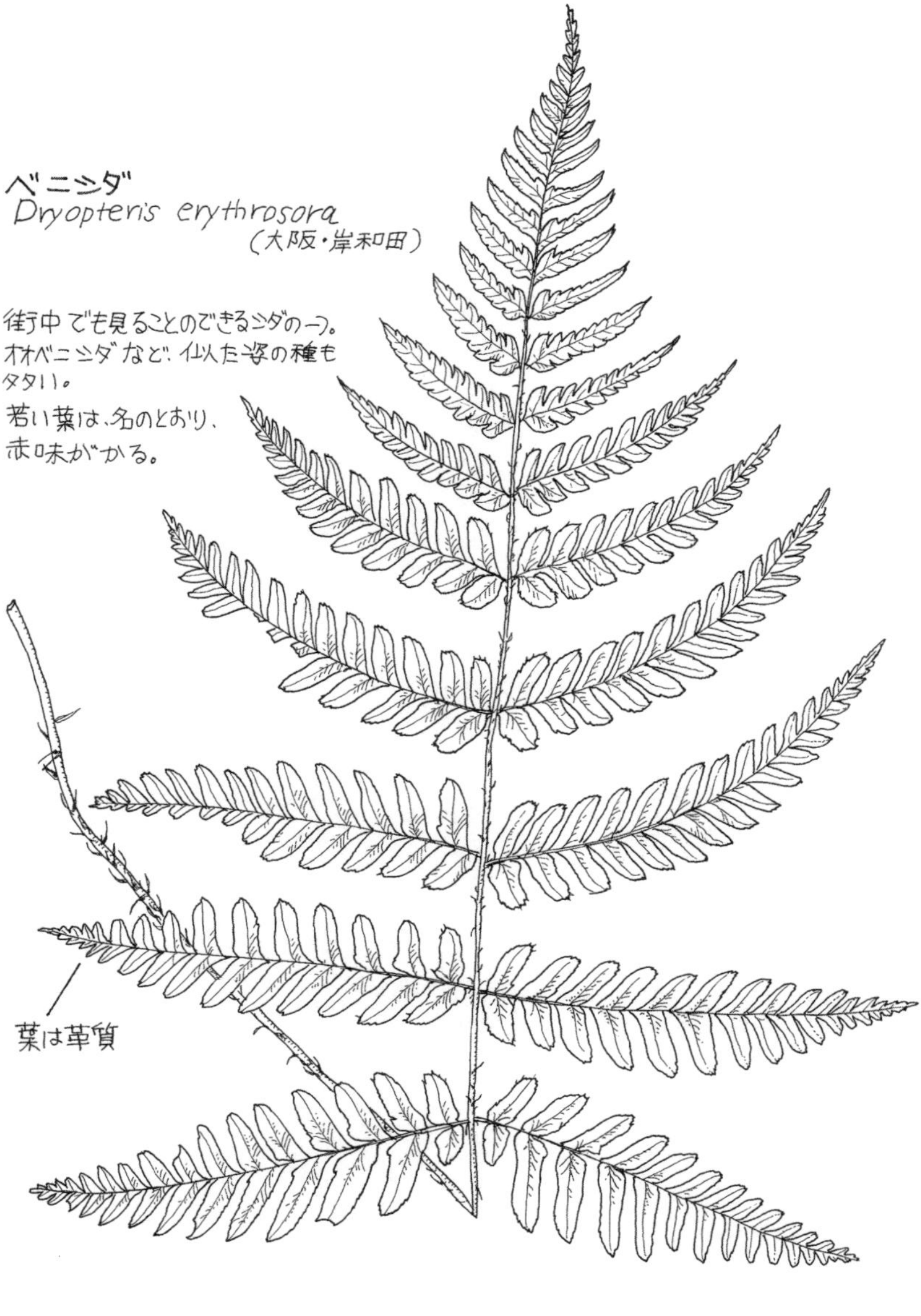

ゼンマイ
Osumunda japonica
（埼玉・飯能）
新芽は山菜の代表。
ヨーロッパには近縁のレガリスゼンマイが分布。

ではないと思う。それに、生き物屋といっても、どうも僕は「見分けるのが難しいシダ」に対しては、それほど、興味はそそられないことを再確認することになった。

トウゴクシダ、シシガシラ、ウラジロ、フモトシダ、シケシダ、コバノヒノキシダ、イワガネソウ、ゼンマイ…と、さらに見つけたシダのリストは続く。

「ゼンマイだ」

思わず、ゼンマイに見入ってしまう。すると、ゼンマイなんてとムラカミさん。ゼンマイは「普通に見つかる」し、「見分けるのも容易」なシダ…つまりは駄シダだ。

「ゼンマイは、沖縄にないので、ついなつかしくて」

「えーっ、ゼンマイが珍しいんですか?」

ムラカミさんは驚いていた。

街の中と違って、山の森には沢山の種類のシダが生えていた。もっとも、それとわかるのは、シダ屋といっしょだからだった。

しかし、そんな森のシダにも変化が起きているとムラカミさんが言う。原因は、シカの増加だ。

シカとシダ

シカは言うまでもなく、草食獣だ。しかし、そのシカの好む草と好まない草がある。シカが増えると、シカの好む草は減少し、シカの好まない草ばかりが目立つようになる。シダの中にも、シカが好むものと、そうでないものがあるそう。種子島のカケイさんが言っていた「家畜が食べるシダ」と「食べないシダ」という話を思い出す。

「オオバノイノモトソウは、シカが食べないと聞いたことがあります。あと関西だと、シカはイワヒメワラビを食べないですね。京都府の、芦生《あしう》の森ではシカ害がひどくて、イワヒメワラビばっかりが生えています。シカが食べられないように、柵で囲むと、いろんなシダが生え出すんですけど、柵の外はイワヒメワラビとたまにコハシゴシダがでるくらい…というように、極端です。最近の報告では、これまで食べていなかったイワヒメワラビをシカが食べ始めたと書いてありました。エサがなくて、いやおうなしにということかもしれませんね。関西でも、岸和田のある泉南にはシカがいないので、林床に、普通にシダが生えています。シカの被害のひどいところから来たシダ屋が、泉南に来ると、〝シダが普通にある〟って驚いたりするんですよ。普通にあるって驚くのも、ちょっと変な話ですけど」

ムラカミさんが、シカとシダの関係性の話をしてくれた。実際、この話を聞いた後、シカがたくさんうろついている奈良公園を歩いてみた。確かに林床はシカに食べられて、すかすかとなっていて、見通しがいい。その中で、イワヒメワラビは、まとまって生えている。それ以外のシダは、ほとんど目立たない。唯一、大型のシダのナチシダが目立つ一角があった。ただし、このシダもまた、シカが好まないシダなのだという。公園の背後の春日山にはワラビが多い。ワラビの新芽を人間はあく抜きをして食べるけれど、例えばワラビは『牧草・毒草・雑草図鑑』（清水矩宏ほか、畜産技術協会）を開けば毒草扱いだ（つまり、ワラビも「家畜が食べないシダ」で、当然シカも食べない）。本の中には、「ワラビ中毒の死亡率は高いので注意が必要である。（中略）一九八三年になってワラビから発がん物質プタキロシドが分離され、この物質がラットの腸や膀胱腫瘍の原因物質であること、これを子牛に投与することにより、牛の急性ワラビ中毒と同様の症状を起こすことが確認された」と書かれている。

こうしたシカの増加による森の変化は、日本各地で起きている。宮崎でもそうした話を聞いたし、世界遺産の島、屋久島でもシカの増加による森の変化が起きているという。鹿児島の南方に浮かぶ島ながら、二〇〇〇メートル近い高山を有する屋久島は、多雨で知られ、高温多湿を好むシダの多産地となっている。そのため、屋久島はシダ好きにとっての天国だ。ところが、その屋久島でも近年、シカが増加し、それとともに、林床の植物が減少している。

屋久島をフィールドの一つとしている友人の生き物屋、ケンゴ君が沖縄にやってきたとき、やんばるの森をいっしょに歩く機会があった。ケンゴ君はまた、シダにも興味があるという、僕にとってはありがたい生き物屋である。「これが、カツモウイノデ。こっちはヤクシマカナワラビ。ヤリノホクリハランも生えているね…」と、ケンゴ君に、やんばるに生えているシダの名前を次々に教えてもらった。

やんばるの森を歩きながら、「こんな大きなヒロハノコギリシダは、屋久島であんまり見られなくなっちゃったよ」とケンゴ君が言う。「シカに食べられるから、サイズが小さくなっちゃってるんだ」と。「ナチシダとか、カツモウイノデ、コシダ、ウラジロなんかは、シカが食べないシダだよ」とも。ケンゴ君にとっては、やんばるの森はなにより、「シカのいない森」であって、それがものめずらしかったのである。

ナチシダ
Pteris wallichiana（宮崎）

暖地に見られる大型のシダ。
シカが好まないため、シカが増
加している地域では、このシダも
増加している。

ケンゴ君に、こんな話を聞いた後、実際に屋久島に行く機会があった。それまでも何度か屋久島を訪れたことはあった。けれど、シダの「扉」をくぐってから訪れるのは、初めてのこと。すると、なじみであったはずの光景が違って見えてくる。一見、シダは沢山生えている。でも、よくよく見ると、ちょっと「変」なことに気づいてしまう。

山の際に建つ友人宅を訪れる。友人宅の裏手は、杉の植林地になっている。夜ともなると、シカが庭までやってくるという。「家庭菜園の野菜を食べてしまう、にっくきやつ」――これが、友人宅のシカの扱いである。友人宅では、庭の周りに柵を作って、シカの立ち入りを防除している(それでも、ときどき、被害にあう)。

友人宅周囲のシダを見て回った。家に入る道の周辺には、シカの嫌いなイシカグマやナチシダが生えている。家の脇の土手には、これもシカの嫌うというコシダの姿。やはりシカが嫌う、ワラビも沢山生えている。そして、友人宅の庭の、柵の中に入ったら、栽培植物の陰にホシダがひっそりと生えていて、思わず「おっ」と、思ってしまう。ホシダは暖地に普通に見られるシダだ。ところが屋久島ではなかなか目につかない。ホシダは、「家畜が食べるシダ」だった。だから、シカにとっても好物らしい。「普通に」シダが生えているように見えたのだけれども、屋久島で目にするシダたちは、シカのセレクトを受けた結果なのだということを実感した。一見、「シダは沢山生えている」。でも、じつはシカの嫌うシダばかりが生い茂っているということなのだ。

生き物屋が「珍しい生き物」を見ると「カッコイイ」と興奮するのは、生き物屋にとって多様性こそ、生き物に引かれる根源だから。その多様性が、今、ゆらいでいる。

4章　ハワイのシダ

島の生物学

「沖縄には、何種類のゴキブリがいると思う?」

大学の授業で、そう問いかける。

大教室の授業となると、学生たちは、なかなか思ったことを言ってくれない。けれども、しばらくすると、ごにょごにょと返事が返ってくる。

「五種類?」

「一〇〇種類?」

考えたこともないし、想像もつかないということのよう。

一度、虫屋の友達と、沖縄島において、一日で何種類のゴキブリを採集できるかという実験をしてみたことがある。那覇の自宅から出発し、南部の畑周りでゴキブリを探し、その後、やんばるの森でゴキブリを探した。一般にはあまり知られていないけれど、ゴキブリの中で、人家に出没するのは、ごく一部の種類に限られているのだ。最後は再び那覇の街に戻って、飲み屋に出没するゴキブリを採集する…という内容である。結果、一八種類のゴキブリを採集することができた。『日本産ゴキブリ類』(朝比奈正二郎、中山書店)によれば、日本産のゴキブリ類の種数は五二種類で、沖縄県に産する種類は三九種だ(その後、沖縄県産のゴキブリは追加で確認された種類があり、その総数は四二種となっている)。一方、埼玉県から記録されているゴキブリの種類数は三種である。これからわかるのは、ゴキブリは暖かい地域ほど種類数が多いということである。

では、ハワイには何種類、ゴキブリがいるのだろう?

ハワイは沖縄の七倍余りの面積がある島々で、平均気温も沖縄より暖かい。

予想を聞くと、「沖縄よりも多い…?」と、考える学生が多い。しかし、もともとハワイにはゴキブリは一種も棲んでいなかった。それだけでなく、セミもアリもカも一種も見られず、チョウですら二種類しか生息していなかったのだ。「…た」と過去形で書いているのは、欧米人のハワイ移住に伴い、さまざまな生き物がハワイに移入され、現在ではゴキブリも(一九種)、アリもカも棲みついている(セミはまだ移入されていない)し、チョウにも移入種が見られる。

なぜ、ハワイにはもともとゴキブリやアリがいなかったのか。それは、ハワイが太平洋の真ん中に生まれた海底火山を起源としている島々であるからだ。『ハワイの自然』(清水善和、古今書院)によると、ハワイはアメリカ・カリフォルニアから三八〇〇キロ、東京からは五五四四キロ、シドニーからは七一二〇キロ離れているとある。

ハワイ同様、授業で扱う島に、インドネシアのクラカトア島がある。この島は一八三三年に史上最大と呼ばれる大噴火をおこし、島の一部が吹き飛び、残る地表部も、高温の火山灰に覆われてしまった。そのため、島に生息していたすべての生き物はすべて死滅したと考えられた。噴火後、人々の出入りは制限され、この島に、いつどのように生き物が再定着していくのか、その過程が詳細に観察されることになった。クラカトア島の場合は、ジャワ島から六〇キロしか離れていない。例えば最初に見つかった生き物は、噴火の九か月後に風に飛ばされてやってきたクモであるし、噴火の三年後には、シダやコケの定着が観察された(噴火後、定着したシダの一つに、ワラビがある)。

このクラカトア島の例から、火山が噴火して、裸地となった環境にも、しだいしだいに生き物が到達し、棲みついていくことがわかる。しかし、ハワイは、生き物が到達するには、あまりにも周囲の陸地から距離が離れているのだ。

ハワイのような島は、海洋島と呼ばれる。一方、沖縄島のように、中国大陸や日本本土に近く、かつ、地史の中でそれらの陸地とつながったことのある島は、大陸島と呼ばれる。この海洋島と大陸島では、その生物相は大きく異なっている。

埼玉の教員時代、僕は夏休みになると、あちこちへでかけた。沖縄もそうした訪問先の一つであったけれど、少年時代からあこがれていたアマゾンやアフリカや東南アジアやオーストラリアといった、海外にも生き物を見にでかけた。沖縄移住後しばらく、フリーの教員をしていた僕は、海外どころではなかった。まず沖縄のフィールドを知ることに時間がかかったし、海外にでかける資金的な余裕もなかった。ところが沖縄に住んでいるうちに、僕は「島」をより意識するようになった。そのため、世界中の島々を見に行きたいという思いがわきあがるようになる。アマゾンもあいかわらず魅かれ続けている土地だけれど、それとならんで、ハワイやニュージーランドに行って見たいと思うようになったのだ。大学の教員として丸三年がたち、ようやく、少しは新生活に慣れ始めた春休み。僕はハワイに向かうことにした。

ハワイでは、もともと好きだった虫を見たい。ハワイにはゴキブリやアリがいなかった代わりに、たとえば肉食のシャクトリムシといった、ハワイ固有の虫たちがいることで有名だ。一方で、ハワイに移入された外来のゴキブリやアリにどんなものがいるのかにも興味はある。そして僕はすでにシダの「扉」をくぐっていた。ハワイでは、シダもぜひ見たいものだと思う。ハワイでは、特に見たいシダがあった。それはムラカミさんの一言がきっかけだった。

「ハワイには、イシカグマが生えているんですよ」

ムラカミさんは、そう言うのだ。これにはけっこう驚いた。イシカグマと言えば、種子島でカケイさんが、「家畜が食べないシダ」といって指差したシダではないか。また、大阪では「街に生えるシダ」セットの一つともなっていたシダだ。さらにはシカの増えている屋久島では、最も普通に見られるシダになっている。そんなシダがハワイにも生えている?

「ハワイでは絶滅危惧種です。ハワイではイシカグマをフラダンスのときのレイに使うんだそうです。絶滅危惧とされているのは、そうしたハワイの文化的な利用ともからんでいるようなんですよ。ハワイのシダに関する論文を読むと、イシカグマは林床に生えると書いてあって、それも、ええっ?と思うところですね。大阪では、イシカグマは道端に生えるシダですから…」

ハワイという、はるかかなたに思える土地と、日本とで、共通のシダがある。それが僕には驚きだった。

移入種なら、そういうことはよくある。埼玉の教員時代、南米からやってきた生徒がクラスにいた。彼女が夏休みに帰省するおり、「虫を採ってきてね」と僕はお願いをした。むろん、南米産の見たこともない虫を念頭においてのことである。夏休みが終わって彼女が僕のところに持ってきたのは一匹のゴキブリだった。飛行機の乗り継ぎのために泊まった、ロサンゼルスのホテルで見つけたものという。その虫は、東京の街中でもおなじみのチャバネゴキブリだった（がっかりした顔をしないようにがんばった）。チャバネゴキブリは、世界中に広がっている移入種だ。

しかし、ハワイのイシカグマは、移入種ではないという。

これは、シダが花を咲かせず、胞子で増えることと関係している。胞子というものはとても小さい。だから、風に乗って、はるかかなたまで飛ばされる可能性があるのだ。そのため、シダやコケやキノコといった胞子で増えるものたちは、種子をつける植物よりも、分布が広いものがある。

「だから、シダには帰化植物が少ないんですよ」

ムラカミさんは、付け加えた。街中で見られる雑草には、帰化植物が多い。セイヨウタンポポ、ヒメムカシヨモギ、セイタカアワダチソウ、エトセトラ。ところが、帰化シダというのは、ごく種数が少ない。

「胞子は遠くまで飛ぶことができるでしょう。だから、棲み着けるものは、もう自然に飛んできて生えているんですよ」

なるほどと思わされる。

それにしても、イシカグマはハワイまで、胞子が海を越えて飛んだのだ。ハワイにしかいない生き物も見たいけれど、ハワイまで自力でやってきたシダというのも、ぜひ、見てみたいと思う。それがたとえ見知った種類であったとしても。

違和感の森

成田から飛行機で七時間。ホノルル空港でハワイアン・エアに乗り換え、ビッグ・アイランドの異名を持つハワイ島にさらに飛んだ。

初めてなので、右も左もわからない。旅行会社が手配してくれていたのは、ハワイ島の西海岸にあるリゾート地のホテルだった。空港からホテルまでの道すがらは、荒涼としている。一面、ガラガラの溶岩が広がり、そこにせいぜいイネ科の草や、マメ科のアカシアの仲間と思える低木が生えているだけ。どうやら降水量が少なく、溶岩の上に森がなかなか育たないということのようだ。ホテルの庭は潅水がなされ、さまざまな観葉植物が植えられているけれど、これは、みな外来のものばかりだ。ハワイならではの生き物を見るなら、ホテルから遠出をする必要がありそうだ。

僕は英語がからきし苦手である。代わりにカミさんは英語が堪能だ。また、カミさんの友人夫婦がハワイ島の東海岸に住んでいるので、車で東海岸まででかけてみることにした(レンタカーを手配してくれたのも、運転してくれたのも、カミさんのほうだ)。

ハワイ島では西海岸は乾燥していて、東海岸は湿潤だ。これは湿気をおびた空気が東風にのってハワイ島に流れ込み、中央部の高い山地で雲を作り、風上側に雨を降らすと同時に、ホテルのある風下の西海岸は、絶えず雨を降らせ終わった乾燥した空気が流れ込むことによっている。

ホテルから、おおよそ角のとれた三角形のような形をしたハワイ島の外周を、時計回りに東海岸に向かうと、境目にあたる峠のあたりから、雨模様となり、周囲にも「森」があるのが目に入るようになる。ハワイまでやってきたのに、さっぱり生き物にあっておらず、おあずけされている思いだったので、路肩に車を停めてもらい、手近な「森」に入り込んでみた。違和感がある。

その正体はすぐにわかる。あこがれのハワイの「森」と思って入り込んでみると、そこは完全な人工林であったのだ。背が高い木は、オーストラリア原産のユーカリだった。つまり日本でいえば杉林のような植林地だ。杉林を歩き回っても、あまり生き物には出会えない。しかし、このハワイの植林地は杉林の上（?）をいっていた。杉林なら、低木層にはアオキなどの在来の植物が見られる。シダもいろいろと生えている。ところがハワイのユーカリ林の低木層は、どうみても、グヮバなのだ。ストロベリーグヮバと呼ばれる、葉に光沢があり、実が小ぶりのブラジル原産のグヮバの仲間である。沖縄でも、グヮバが野生化していることはしばしばある。でも、ハワイのユーカリ林のように、低木層が一面、ストロベリーグヮバばかりという光景は見たことがない。林に転がる倒木の皮をくずしてみた。中から虫が這い出てくる。その虫にもなんだか見覚えがある。日本で普通に見かけるヒゲジロハサミムシに似ているのだ。これはどうやらユーカリやストロベリーグァバ同様、外来種のようだ。

車を走らせる。「今度こそ」――そう、思って「森」に近づくと、やっぱユーカリ林だった。谷沿いの林ならどうだろう。ユーカリ林ではない。これなら、本来のハワイの自然が残されているのではなかろうか。そう、思うが、近づくと、オレンジ色の花をつける木が何本も立っている。アフリカ原産のカエンボクだ。沖縄では公園に植栽されている木が、野生化して「森」の構成種になっていることに驚いてしまう。

見れば見るほど、違和感がつのる。

生えている木や低木。からんでいる、つる。下草。それらが、どうやらみんな外来種なのだ。いわば、植物園の温室が、そのまま「森」を作っているようなもの。沖縄でも人里周辺には、移入されたり植栽されたりしている外来植物が多い。しかし、景観すべてが外来種からなっているという「世界」は初めてだった。植物だけでなく、そこに見られる虫たちも、みな外来種だと思われた。

これがハワイの「あたりまえ」?

僕はハワイの「あたりまえ」にノックアウトされるような思いがした。

帰化植物？　それとも在来種？

しばらくして、最初のショックから立ち直る。初めて降り立ったハワイは、見渡す限りの外来種天国に思えてきた。しかし、そうならそうで、見ておきたいことはいろいろある。本当に、外来種ばかりなのだろうか？　それなら、本来の、ハワイ固有の生き物たちはどこにいるのだろうか？　シダはどうなのだろう。

ムラカミさんは、「シダには帰化植物が少ない」と言っていたが、ハワイで身近に見るシダは、帰化植物なのだろうか、在来植物なのだろうか。

たとえば、沢沿いに立派な木が生えていた。近寄ってみると、大きなマンゴーの木だった。つまり外来種だ。その木の周りにシダが生えている。ホウライシダの仲間であるクジャクシダに形が似ているシダがある。近くにはホシダみたいなシダの姿もある。そのシダを、もっとよく見ると、ホシダというより、イヌケホシダに似ていることに気づく。また、別の場所で、今度はケホシダそっくりのシダも見つけた。

昼飯に立ち寄ったレストランの中庭には、モエジマシダそっくりのシダもあった。

これらのシダは、帰化植物なのだろうか？　それとも、イシカグマのように、ハワイまで自力で胞子が飛んできて生育している、在来種なのだろうか？

西海岸のラッパホエホエに建っている、カミさんの友人である、ディビッド宅に車がついた。周囲は牧草地だ。広い敷地には果樹がたくさん植えられ、その一角は柵に囲まれた畑となっている。ディビッド夫妻はこうして、自然の恵みをできるだけ生かした生活を心がけているようで、自らミツバチも飼育していた。

「家の近くの沢に、自然がたくさんある」

ディビッドは、僕が生き物好きだと知ると、そう言って、案内をしてくれた。高台にある彼の家から、踏み分け道程度の下り道を歩いてゆくと、木々に覆われた、小さな沢についた。実際に沢まで下ってみると、ディビッドの言う「自然のたくさんある沢」も、木々はカエンボクやグァバ、それにストロベリーグヮバという外来種に置き換わっていた。さらに林床に転がっていたのは、野生化したブタの頭骨であった。この沢沿いでもシダを見る。ここには、ホウライシダそっくりのシダが生えていた。これも、在来？　それとも外来？

どっちなのだろう？

頭をひねってしまったが、考えるだけでは、答えがでない。答えを出すには、ハワイのシダについての文献を探してみる必要がありそうだ。

旅行会社に手配してもらったチケットの関係で、帰りはホノルルに二泊する必要があった。ホノルルといえば、まさにウルトラ観光地である。生き物屋の僕からしたら、最も苦手な場所だ。ただし、ホノルルの街はずれにあるビショップ博物館は、ぜひとも訪れたいと思っていた場所だった。この博物館には、ハワイだけでなく、太平洋の自然や民族についての資料の広範な展示があるからだ。また、ミュージアムショップに立ち寄れば、ハワイのシダについての何らかの資料も手に入るのではないかと思えたのだった。

ハワイのシダの実態

ワイキキビーチのバス停で、博物館行きのバスを待ったのだけれど、待てど暮らせどやってこない。しびれをきらしてタクシーに乗っていくことにした。これが思わぬ時間のロスを招いてしまった。博物館に着いたら、大急ぎで展示を見て回らないと、帰りのバスの時間に間に合わなくなってしまったのだ。というわけで、展示のほうはざっと見るのにとどまってしまった。見学の時間を短縮して、ミュージアムショップで資料を探す。ハワイ関連の生き物についての本があれこれあって、どれもみんな購入したくて困ってしまう。シダについては、一般向けにハワイのシダの概略が書かれている『ファーン オブ ハワイ』(Fern:シダ)を手に入れた。

ハワイでの一週間の日程はあっという間に終わってしまった。沖縄に戻ってから、ハワイで見たシダについて、『ファーン オブ ハワイ』を手に取って、辞書を片手に調べてみる。

この本を見て、僕がハワイのマンゴーの木の下で見たシダが、イヌケホシダそのものであることがわかった。英名はDowny wood fernと紹介されている。イヌケホシダは外来種であると書かれている。初めてこのシダがハワイで見つかったのは、一八八七年ごろのこと。そのくせ現在、イヌケホシダはハワイでは最も普通のシダの一つであるのだそうだ。

この本には代表的なシダしか載せられていない。ケホシダらしきシダを見つけたものの、これは本には登場していなかった。ケホシダなのかどうなのか。はたまた帰化シダか在来シダかは、さらに別の資料に当たる必要があった(後述するように、ケホシダも帰化シダだった)。

宿泊したホテルの庭に、大々的に植栽されているシダがあった。これは、調べてみるとオキナワウラボシによく似ている、学名で*Phymatosorus grossus*と呼ばれるシダだとある（英名はムスク・ファーン）。これも、移入されたシダである。

また、ホウライシダの仲間で、日本のクジャクシダにちょっと似た姿をしたシダを、ディビッドの

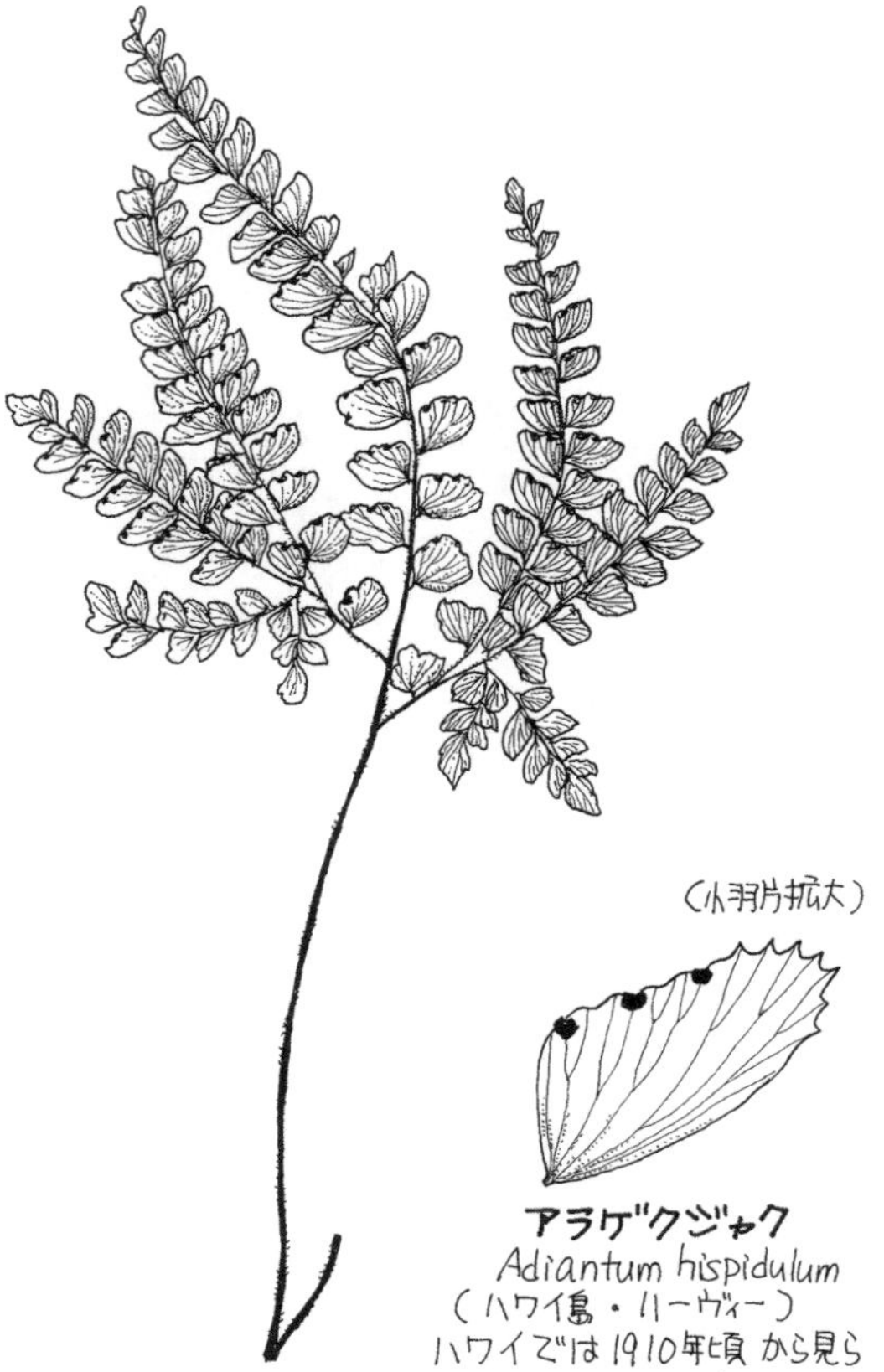
ハワイでは1910年頃から見られるようになった帰化シダの一つ。

家の裏にある沢沿いなど、ハワイのあちこちで見た。

このシダは、調べると、学名が *Adiantum hispidulum* というシダであった（アラゲクジャクという和名がある）。このシダもまた、外来種だとある（ハワイで初めて確認されたのは一九二三年のこと）。

さらに、あちこちで見た、*Blechnum occidentale*（英名はハンモック・ファーン）も外来種とある。『ファーン オブ ハワイ』には、このシダは南米から一九一七年ごろに移入されたものだが、ハワイ各

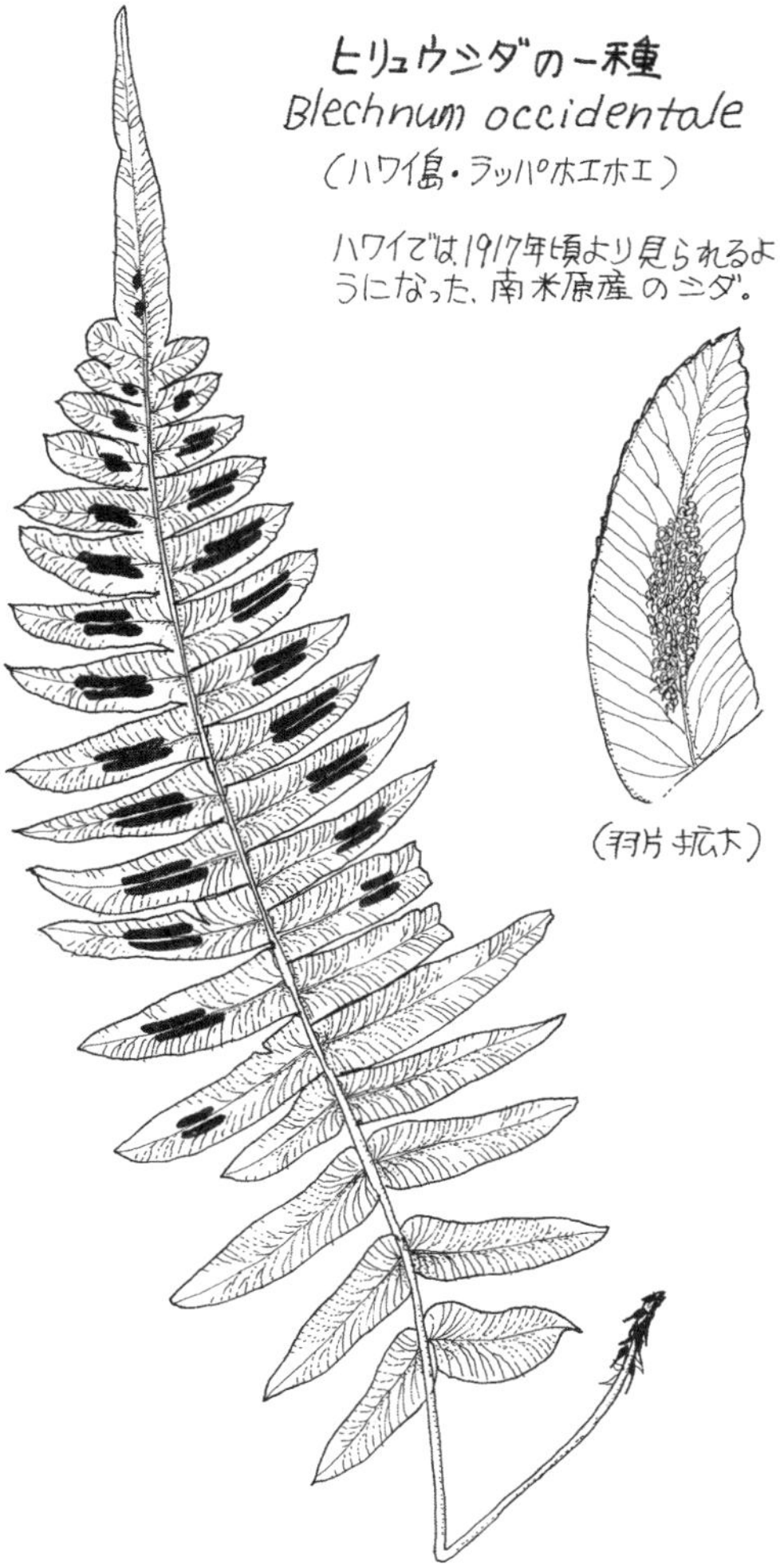

ヒリュウシダの一種
Blechnum occidentale
（ハワイ島・ラッパホエホエ）
ハワイでは1917年頃より見られるようになった、南米原産のシダ。
（羽片拡大）

地にあまりに広がっているので、在来のシダのように見えてしまう…と書かれている。

調べていくと、ハワイで見たシダは、外来種ばかりではないかと、驚いてしまう。

では、ホウライシダそっくりに見えたシダも外来種なのだろうか?

『ファーン オブ ハワイ』の中には、ホウライシダの仲間が、二種類紹介されている。そのうちの一つは、*Adiantum capillus-veneris* とある。この学名にあたるシダは、ホウライシダそのものだ。もう一つは、*A. raddianum* で、この学名に当たるシダは、日本では稀に野外で見つかる、カラクサホウライシダのことである。

「最近園芸店で売られているアジアンタムはカラクサホウライシダか、その品種が多いようです。でも、野外ではなかなか生き延びないようで、帰化したという例は少ないです」

そう、ムラカミさんは言っていた。『ファーン オブ ハワイ』では、ホウライシダは在来種とある。つまり、ハワイまで胞子が飛んできたシダということだ。一方でカラクサホウライシダは外来種となっている。僕が見たのはどっちなのだろうか。ムラカミさんに聞いたところ、両種は似ているので、即断できないという返事が返ってきた。その後、ワグナーの「ハワイにおけるシダの野生化」(Wagner, 1950)という論文を読むと、ホウライシダとカラクサホウライシダは茎の下部にある鱗片の大きさなどで区別ができるが、普通に見られるのは外来種であるカラクサホウライシダのほうで、在来種のホウライシダは見ることは稀となっている…とある。これからすると、僕が見たものは、カラクサホウライシダのほうだということになる(よくよく見ると、ソーラスを覆う、包膜の形が両者で異なっている)。それにしても…だ。

カラクサホウライシダ

Adiantum raddianum

（オアフ島・マノア）

園芸植物として流通。ハワイにも帰化し、在来のホウライシダより優占している。日本でも帰化したものが見つかっている。

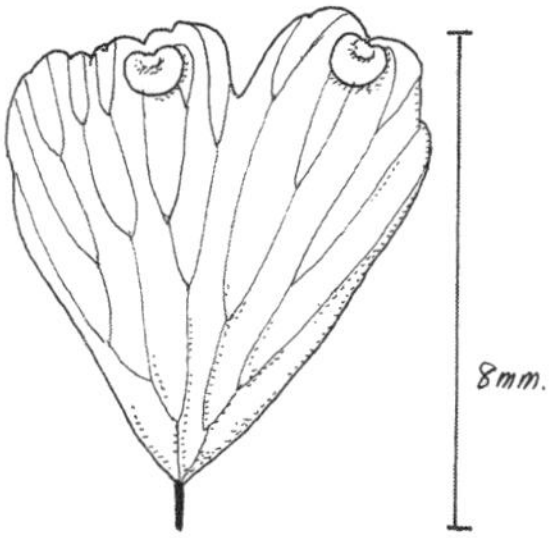

小羽片（拡大）

「シダには帰化植物が少ない」

ムラカミさんは、そう言っていた。だから、ハワイで見かけた森が、外来種ばかりが目立つ森であっても、シダぐらいは在来なのではないかと、僕は思っていた。ところが、目に入ったシダの多くは外来種であった。そのことから、逆にハワイの自然の「すごさ」を思い知る。

在来の森

『ハワイの自然』（清水善和、古今書院）を開く。

この本の中に、ハワイの植物の出自に関するデータが紹介されている。

ハワイの植物は、おおまかに、まず在来植物か、帰化植物（外来種）かにわけられる。さらに、在来植物は、ハワイでしか見られない、固有種か、ハワイ以外でも見られる在来種にわけられる。花をつける、種子植物の仲間でみると、ハワイ産の種子植物のうち、在来植物は九五六種で、帰化植物は八六一種となっている。帰化植物が、いかに多いかがわかる。

また、在来植物九五六種のうち、八八・九パーセントにあたる種類が固有種である。この高い固有率は、ハワイがほかの陸地と隔絶しているためだ。また、固有種となっている植物も、何らかの方法で、ハワイまでやってきたものがもとになっている。この祖先種は、推定で二七〇～二八〇種とされている。この祖先たちが、ハワイ到着後、あらたな種類に分化するとともに、固有化したわけだ。在来種から固有種の割合を差し引いた残る一一・一パーセントの植物は、他の地域と共通する広分布種である。種子植物の中にも、長距離の移動能力をもっている種類もあるということだ。

では、シダではどうなっているだろう。

『ハワイの自然』で紹介されているデータは、在来種一九六種、固有率七八・一パーセント、帰化種二九種というもの。この値を種子植物と、比較してみる。すると、シダは、種子植物より固有率が低いことがわかる。しかし、一方で、ハワイではシダにおいても固有種が多い。

シダにあっても、なかなか「渡りがたい」島であったのが、ハワイなのである。そのため人々の移動とともに、胞子で渡ることのできなかったシダがハワイに次々にやってきた。そして「シダにも帰化植物が多い」という結果が生まれたのだ。

「ハワイにはシダの帰化植物が多い」ということが、ハワイの自然の「すごさ」を表すというのは、そういう意味である。

ハワイ島をぐるっと車でまわってみた。

ハワイ島の中心部には標高四二〇五メートルのマウナ・ケアと標高四一六九メートルのマウナ・ロアという二つの火山がある。空港や、僕の泊まったリゾートホテルのあるハワイ島西海岸は、乾燥地が広がっていた。

車で東海岸に回ると、湿潤であったけれど、見かけた植物も虫も、外来種ばかりだった。東海岸からさらに南下すると、現在も活動している活火山であるキラウェア山がある。道路はこのキラウェアに向かい、上り坂になるのだけれど、標高が高くなるにつれ、周囲の植生が変化することがわかる。

そして標高が上がると、それまで見ることのなかった、ハワイ在来の植物たちが、周囲に見られるようになる。その主役は、フトモモ科のオヒアという木だ。

こうした森こそ、本来の「すごい」ハワイの森だ。このオヒア林の林床が、一面のシダに覆われていた。そのシダが、日本のコシダ（2章の中でやんばるではワラビと呼ぶシダとして紹介したもの）にそっくりに見える。まさかなぁと思っていたのだけれど、ハワイのシダの図鑑を見ると、このシダは *Dicranopteris linearis* という学名で紹介されていた。この学名は、コシダのものと同じである。つまり、ハワイのオヒア林の林底を覆っていたのは、日本でも見られるコシダそのものであったのだ。むろん、コシダはハワイ固有種ではない。けれど、コシダは、もともとハワイに生えていた在来のシダだ。つまり、ハワイの生物相は、低標高の場所はすっかり外来種におきかわっているけれど、標高が高い場所では、本来の生物相のままなのである。

ハワイのイシカグマ

ホノルル郊外のマノアの森にでかけた折のこと。標高が低い場所であったため、森自体は外来種ばかりの森であったのだが、ここでハワイに行くにあたったって、お目当てにしていたイシカグマに出会えた。まず、それらしき姿のシダが目に留まり、続いて近寄って葉をめくり、ソーラスの形を確認した。このとき、イシカグマを見つけて嬉しかったのだが、すぐに、このイシカグマは植栽されたものであることに気がついた。そのため、嬉しさが半減するような思いがする。

しかし、考えてみると、植栽されたものにせよ、ハワイという土地でイシカグマを見たことは、貴重な経験だ。それに、わざわざイシカグマを植栽していること自体が、おもしろいことなのではないかと思い直す。その後さらに、ホノルルのショッピングモールの中庭に植栽されているイシカグマにも気がついた（訪れる日本人観光客のどのくらいの人が、それに気づいているだろう）。

ハワイには帰化シダが跋扈《ばっこ》する。一方で、わざわざ在来種のイシカグマが植栽されていたりする。シダの「扉」の中から、ハワイを見ると、「ちょっと違ったハワイ」が見えてくる。

ハワイでイシカグマが植栽されていたのは、ムラカミさんが少し触れていたように、このシダが伝統的に利用されてきたからだ。

イシカグマには、ハワイ名がある。それが、パラパライ。

『ファーン オブ ハワイ』には、「レイ作者はパラパライの葉を裏打ちにし、カラフルな種や実や葉をこれに編み込んでレイを作る」と書かれている。また、名前にあるパライの意味は「羞恥心や謙遜で顔をそむける」といった意味であるそう。これは薄質で切れ込みが多い繊細な葉の様や、その葉が風でゆれる様を表していそうだ。「このシダはフラでは重要である」とも書かれている。イシカグマはフラを踊るときの壇を飾るのに使われるとある。「ウッディ（木質）な香りが尊重される」というのである。ここに、ハワイの人々が持つ、シダのかすかな匂いや揺れ動く葉の様を見逃さないまなざしを見ることができる。ハワイの人々は、シダの「扉」をくぐったシダ屋にまけないような愛情を、シダに注ぐことができる人々のように思えてしまう。

『ハワイズプランツアンドアニマルズ』を見ると、イシカグマは、フラを踊るときの頭や手首や首まわりのレイの素材としても使われると書いてある。春、ヒロで行われるフラダンスフェスティバルが近づくと、多くのダンスのグループメンバーが、昔ながらのフラのスタイルで身を飾るイシカグマの葉を採るため、キラウェア山にあるボルケーノ自然公園を訪れるそう。

イシカグマは、ハワイ在来の固有種、オヒアの林のグラウンドカバーになっているという一文もある。オヒア林はハワイ島の中では、やや標高の高いところに見られた林だった。僕が自生しているイシカグマを見なかったのは、標高の高い地帯をあまり歩き回る時間がとれなかったせいだ。また、オヒアの林は林床にもある程度光がとどくので、関西では道端などに見られるというイシカグマでも、林床で生えることができるようだ。

ハワイのシダを見ていく。

ハワイには、多くの、帰化シダがあった。また、日本とも共通するような在来のシダもあった。この本では取り上げないが、多くの固有のシダもある。

そうしたハワイのシダから見えてくるのは、自然と人との織りなす歴史だ。

ハワイのシダ利用

『ハワイの自然』によると、ハワイ人たちの先祖の由来は、まだはっきりわかっていないという。

仮説としては、次のようなストーリー(「マルケサス分岐点仮説」)が提唱されている。

紀元前一〇〇〇～一五〇〇年頃、インドネシア方面を起源とする集団が、サモア、トンガといった太平洋の島々に到達し、ポリネシア文化を生み出した。その後、紀元〇～三〇〇年頃、サモアからマルケサスに渡った人々が、この島をベースにして、北はハワイ、南東はイースター島、南西はニュージーランドに広がった…という仮説である。

ハワイに最初の人々がやってきたのは、紀元四〇〇～五〇〇年頃だとある。また、紀元一二〇〇年頃には、新たにタヒチより別の集団がハワイに移住し、先に到達していた人々と合流したと考えられているそう。

ハワイに移住した人々は、サトイモやヤマイモ、バナナ、サツマイモ、ヒョウタンなどの栽培植物をハワイに持ち込んだ(南米起源と考えられているサツマイモが、どうやってポリネシアの人々の手に渡ったのかも、大きな謎とされている。ニュージーランドやイースター島に渡った人々も、サツマイモを栽培していた)。そして、持ち込んだ栽培植物のほかに、もともと移住先に生えていた植物を、さまざまに利用する文化を生み出していった。

シダについても、さまざまにハワイ人は利用してきた。沖縄に移住してから、僕は、植物の利用に興味を強く惹かれるようになった。しかし、ハワイの植物利用を調べた場合、まったく日本にない種類の植物の利用方法を知っても、なかなか興味がわきづらい。ところがシダの場合、たとえば先に紹介したコシダやイシカグマのほかにも、オオバノイノモトソウやオオバノハチジョウシダなどのように、日本にも分布しているシダの中には、ハワイにも在来種としてもともと分布しているものがある。

そんな日本と共通してみられるシダの中で、ハワイで利用されている例を知ると、がぜん、興味がわく。これが、シダの「いいところ」だ。

たとえば、ハワイの在来シダの一つにホラシノブがある。このシダは、日本でも普通に見られ、千葉の実家近辺にも普通に生えていた。ホラシノブはまた、特徴がはっきりしているシダなので、子どもの僕でも、種類を特定することができたシダの一つだった。だから、ホラシノブには幼なじみのような思いがある。そのホラシノブはパラアというハワイ名がある。

『ファーン オブ ハワイ』の中の、ホラシノブの解説を訳してみる。

「ハワイ人はパラアの葉から茶色の染料を作る。そして女性はそれから数々の女性病の薬を調合する。形のいい葉は、フラの祭壇の飾りつけに使われている。ハワイの神話では、このシダは火山の女神ペレの若い妹であるヒイアカと関連している。ヒイアカは巨大なトカゲ状怪物、モオから自身を守るため、このシダのスカートをまとう。この神話上の恐ろしい生き物が、シダに絡め取られるからだ…」

日本ではホラシノブを利用するという話を知らない。シダに興味がなければ、生えていることさえ気づかないようなシダだろう。そんなシダに、ハワイではこれだけの利用法や、神話がある。

やはり広分布種であり、ハワイだけでなく日本でも見られる(僕の自宅のベランダにさえ見られる)マツバランのハワイ名の由来や利用方法もおもしろい。マツバランはモアと呼ばれた。これも『ファーン オブ ハワイ』の内容を一部、引く。

「その胞子はタルクのような粉を供給し、この粉は腰布でこすれて肌がすりむけるのを防ぎ、幼児の下痢止めの薬としても施された。全草を煮出して調合された茶は通じ薬として使われ、子どもの口

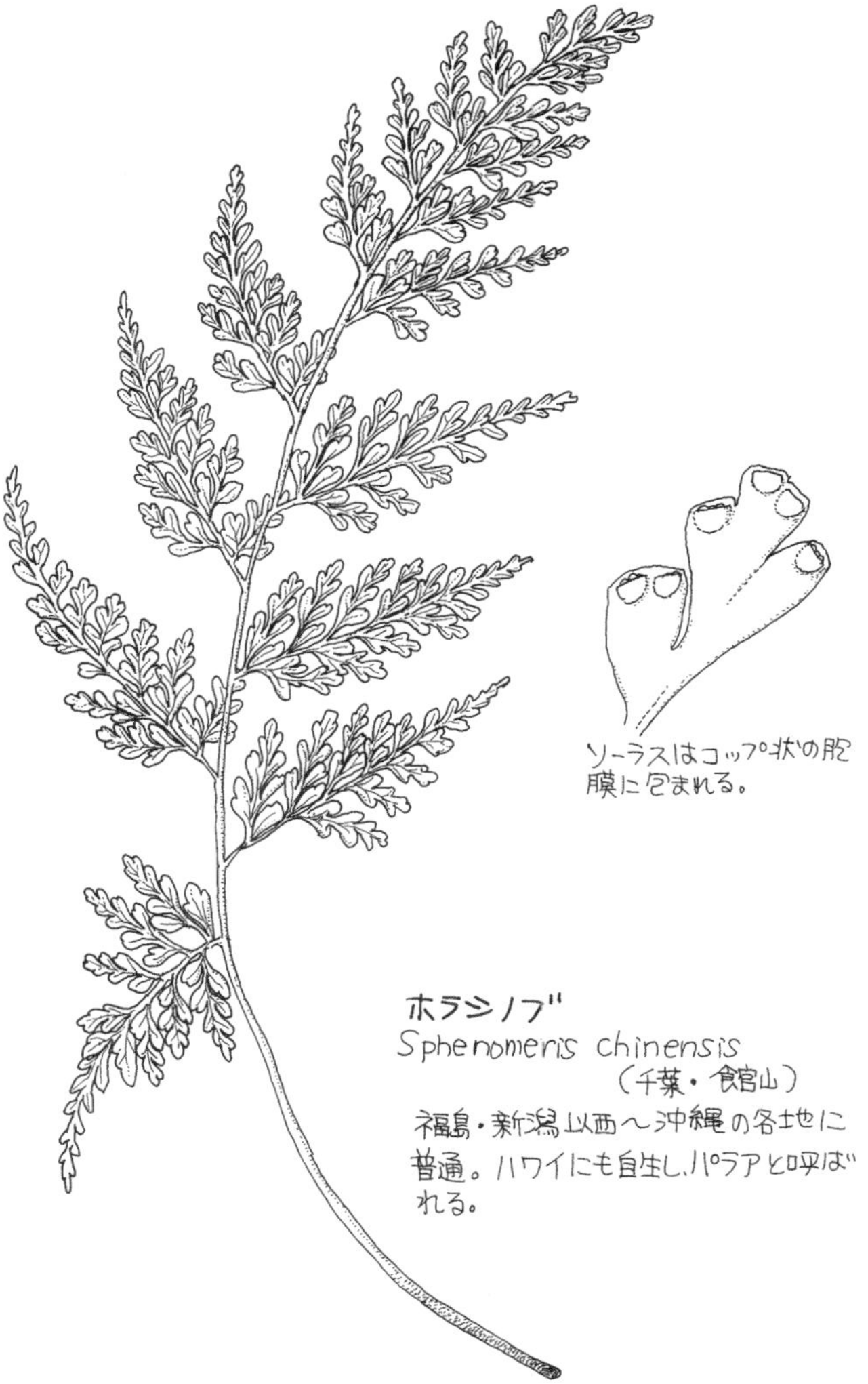
ソーラスはコップ状の胞膜に包まれる。
ホラシノブ
Sphenomeris chinensis
（千葉・館山）
福島・新潟以西〜沖縄の各地に普通。ハワイにも自生し、パラアと呼ばれる。

内炎にも用いられた。ハワイ人は、この植物でゲームも考案した。各々のプレイヤーは二分岐した枝でフックを作り、互いに絡ませた。これを（中略）引き、分岐が壊れなかったものが勝者となる。そして勝者は雄鶏のような声をあげた…」

こんな風に書かれている。マツバランをあらわすモアというのは、ポリネシアの言葉で、ニワトリを意味しているのだけれど、この名が、このシダを使った遊びと関わっている（勝者が雄鶏の声を上げる）というのが、なんともおもしろい。琉球列島にも分布しているオオタニワタリ類のシマオオタニワタリも、ハワイ在来のシダの一つだ。このシダの葉の軸は黒っぽいため、この軸を取り出して、マットを織るとき、飾りとして織り込むとある（うーん、そこに注目するのか、と思う）。またカヌーを作るために切り倒した丸太の切り口を覆うのにも、その葉を使うという。これを見ると、ハワイではオオタニワタリ類の新芽を食べることはなかったようだ。僕は、八重山の島々のおじぃ、おばぁの話を聞くうち、オオタニワタリ類の新芽を食べるのが「あたりまえ」になっているから、オオタニワタリ類の新芽を食べないというのが、不思議に思えてしまう。

もう一つ、二つ、紹介してみることにしよう。ホウライシダはハワイ名でイワイワと呼ばれた。『ファーン オブ ハワイ』に、ホウライシダの葉柄は黒く硬いが、この葉柄を使ってバスケットが編まれたとある。また、ホウライシダのハワイ名の語源となったイワという言葉はグンカンドリを意味するとも書かれている。ハワイの人々は、そよ風によって、土手でさわさわとホウライシダの葉が波打つ様を、グンカンドリの優美な飛翔にたとえたのだ。そしてそれをフラや歌にもしたとある。ハワイの人々のシダによせるまなざしは、やはり、まるでシダ屋のようだ。テツホシダのハワイ名、ネケの語

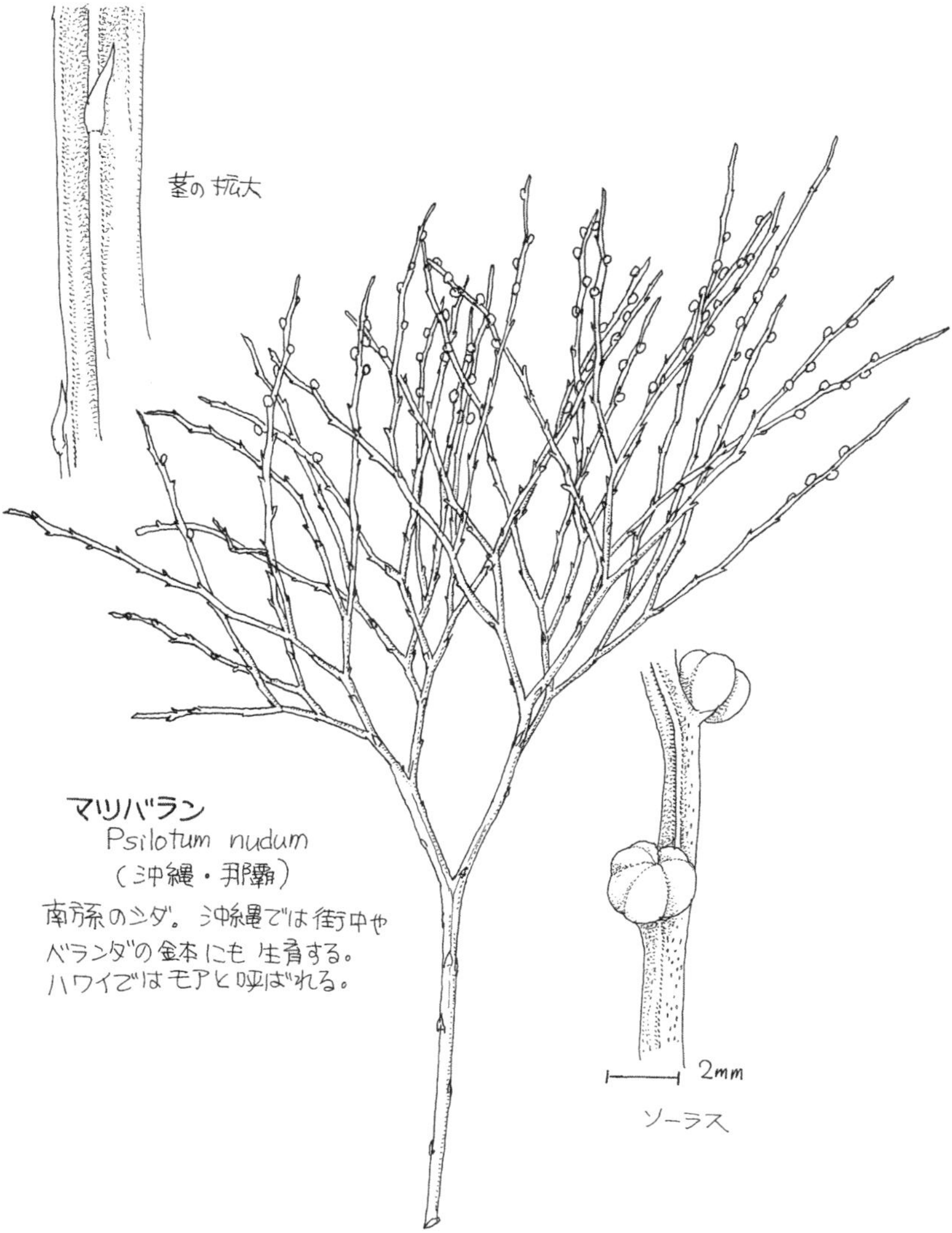
茎の拡大
マツバラン
Psilotum nudum
(沖縄・那覇)
南方系のシダ。沖縄では街中やベランダの鉢にも生育する。ハワイではモアと呼ばれる。
2mm
ソーラス

源をみても、そう思う（このシダは、沖縄では湿地で見ることのできるシダで、ハワイでも同様、高地の湿地で見られるとある）。ネケというのは「さらさら音がする」という意味なのだそうだ。このいわれは、硬いテツホシダの葉が互いにこすれあって音を立てることによる…とある。

また、ハワイに帰化しているシダのうち、オキナワウラボシの一種（ムスク・ファーン）は意識的に持ち込まれたものだが、その理由がおもしろい。

このシダにもハワイ名がある。その名は、ラウアエ。『ファーン オブ ハワイ』に書かれていることによれば、このシダはハワイ名があることや、各島に豊富に産することから、誤って在来種と考えられていたとある。ハワイ人は、カパと呼ばれる樹皮から作った布のあいだにこの匂いを出すシダの葉を差し込み、匂いを布にうつした…と書かれている。また、このシダの葉はレイの材料にもされた。ラウアエという名は「最愛の」とか「甘い」を意味し、それはこのシダの芳香からきている…とある。これが、このシダのハワイに持ち込まれた理由だ。

このシダそのものではないけれど、よく似たオキナワウラボシなら、大学の近くのドブの脇に生えている。しかし、オキナワウラボシの葉は、匂いなどしただろうか？　そこで、さっそく、オキナワウラボシの葉を採りに行った。手折って匂いをかぐが、わからない。

「なんだ、匂いなんか、しないじゃないか」

そう思ったけれど、葉っぱは研究室まで持ち帰った。オキナワウラボシの葉を放り出し、仕事に取り組む。

ふと、甘い匂いが漂うのに気づく。まさか？　いや、やっぱり。オキナワウラボシの葉に鼻を近づ

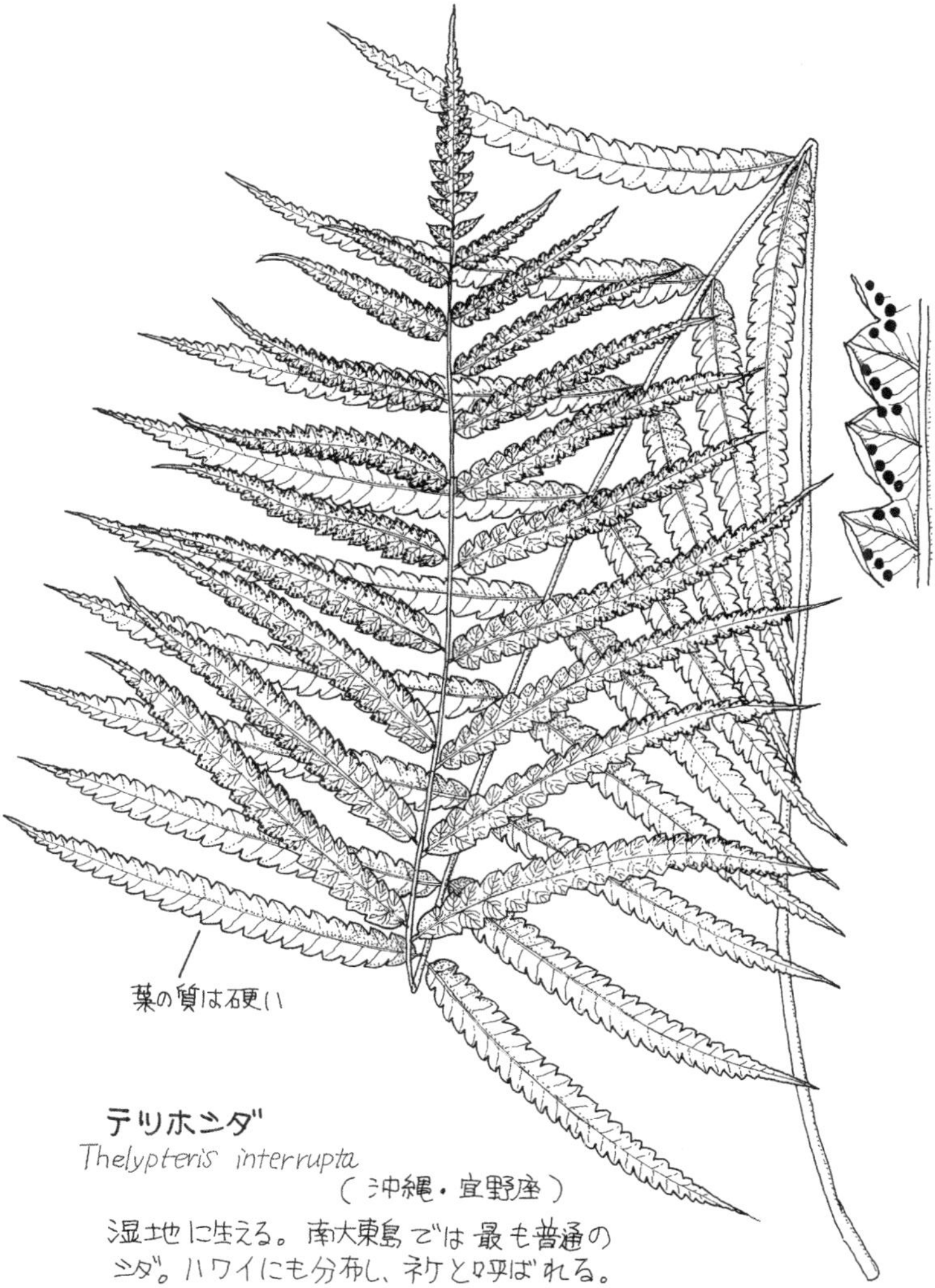

テリホシダ

Thelypteris interrupta

（沖縄・宜野座）

湿地に生える。南大東島では最も普通のシダ。ハワイにも分布し、ネケと呼ばれる。

オキナワウラボシ似のシダ
（英名はムスク・ファーン）
（ハワイ島・植栽）

ハワイ名はラウアエ。外来種だが、芳香を持つため利用される。

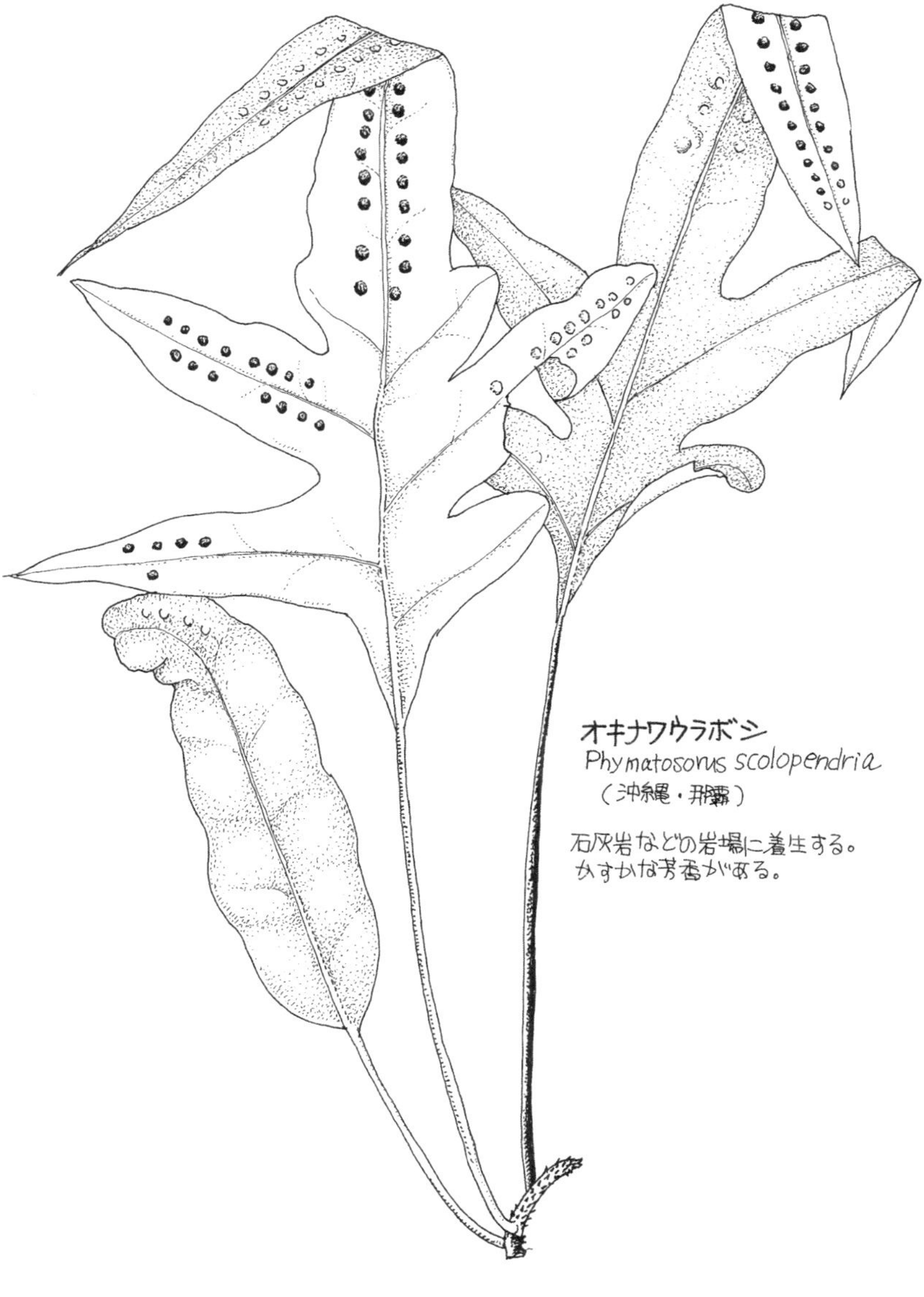
オキナワウラボシ
Phymatosorus scolopendria
（沖縄・那覇）
石灰岩などの岩場に着生する。
かすかな芳香がある。

けてみた。甘い香りがかすかにする。風のある屋外だと、感知できないほどの匂いなのだ。それが、部屋の中だと確かに芳香があるのがわかる。何かの匂いに似ている。そう…。桜餅の葉の匂いに、似ているところがある。ハワイ人の目（鼻）のつけどころに、あらためて感心をしてしまった。

食べられる帰化シダ

ハワイでは、帰化シダのオキナワウラボシは利用されるために、わざわざ移入されたものだった。帰化シダにも、人とのかかわりの歴史が潜んでいるのだ。そのことに気づいて、ハワイの個々の帰化シダに関しても、何か人との関わりがあるのではないかと、あれこれと文献にあたってみることにする。『アメリカン ファーン ジャーナル』の九二巻に、ウィルソンがハワイの帰化シダについての総括を書いているのを見つけた（Wilson, 2002）。これによると『ハワイの自然』に紹介されていた帰化シダの種数より多く、ハワイの帰化シダは合計三三種であると報告されていた（表4）。

表4を見てわかるように、ハワイで記録されている帰化シダのうち、日本でも見られるシダは半数近い一四種もあることになる。この一四種のうち、日本にも移入され帰化シダとして定着しているのは、ギンシダ、カラクサホウライシダ、オオサンショウモの三種類だ。残りは、日本では在来種のシダだ。つまり、日本では在来のシダが、ハワイでは帰化種となっているものが多い。

その例の一つをあげる。

表4　ハワイ産帰化シダ一覧 (Wilson, 2002より改変)

科名	種名	確認年	日本にも分布
イワヒバ	1・イワヒバの一種	1969	
	2・同上	1938	
	3・同上	1999	
リュウビンタイ	4・リュウビンタイの一種	1950	
フサシダ	5・カニクサ	1936	○
ヘゴ	6・ヘゴの一種	1970	
ホングウシダ	7・イヌイノモトソウ	1969	○
ツルシダ	8・タマシダの一種	1923	
	9・同上	1936	
	10・同上	1983	
ホウライシダ	11・ミズワラビ	1919	○
	12・ギンシダ	1907	○
	13・ギンシダの一種	1903	
	14・カラクサホウライシダ	1907	○
	15・アラゲクジャク	1923	
	16・ホウライシダの一種	1981	
	17・同上	1987	
	18・エビガラシダの一種	1928	
イノモトソウ	19・モエジマシダ	1887	○
シシガシラ	20・ヒリュウシダの一種	1917	
オシダ	21・オニヤブソテツ	1928	○
	22・ナナバケシダの一種	1972	
ヒメシダ	23・ヒメワラビ	1908	○
	24・イヌケホシダ	1926	○
	25・ケホシダ	1926	○
イワデンダ	26・ナチシケシダ	1938	○
	27・クワレシダ	1910	○
ウラボシ	28・ダイオウウラボシ	1919	
	29・オキナワウラボシの一種	1919	
	30・ビカクシダの一種	1991	
デンジソウ	31・ナンゴクデンジソウ	1995	○
サンショウモ	32・オオサンショウモ	1999	○
アカウキクサ	33・アカウキクサの一種	1937	

ハワイ島のリゾートホテルでは、一晩、夕飯がセットになっていた。フラダンスやファイヤーダンスショーを見ながらの、バイキング料理とある。僕は、こうしたものが、大変に苦手である。が、夕食代がもったいないので、出かけて行った。一番後ろの席に座り、ステージに背を向けて食事をする(困った客であると思う)。

しかし、こんなところでも、思いもかけないことが待っていた。

バイキングの一皿に、シダ料理があったのだ。ゆでたシダの新芽のサラダのようなものである。しかも、これが、なかなかおいしい。つまみあげて新芽をひろげてみると、ワラビやゼンマイとは姿が違う。これはスケッチしなければ…と持参したポリ袋にいそいそと仕舞い込んだ(やはり、困った客だろう)。

翌日、ディビッドの家の近所で、「自然があるところがあるよ」と教えてもらった場所にでかけた。例によって、その場所も外来植物のオンパレードであった。が、川沿いの湿地に、大型のシダが生えているのが目を引いた。そのシダを見て、ピンとくるものがある。日本の暖地でよく見る、シロヤマシダの仲間に見えたのだ。そしてこのシダの仲間には、その名もクワレシダというシダがある。日本では鹿児島県などに自生しているシダで、名前どおり、新芽が食用となるシダだ。ためしに生えているシダの新芽を探して口に入れると、苦くない。ホテルの夕食に出たのは、クワレシダではなかろうかと思ったわけだ(はたして、表4には、クワレシダの名がある)。ひょっとすると、クワレシダの場合は、食用を目的に持ち込まれ、その後、野外に帰化したものかもしれないと思う。が、はたして、実際にクワレシダがその目的でハワイに持ち込まれたものかどうかまでは、まだ確認を

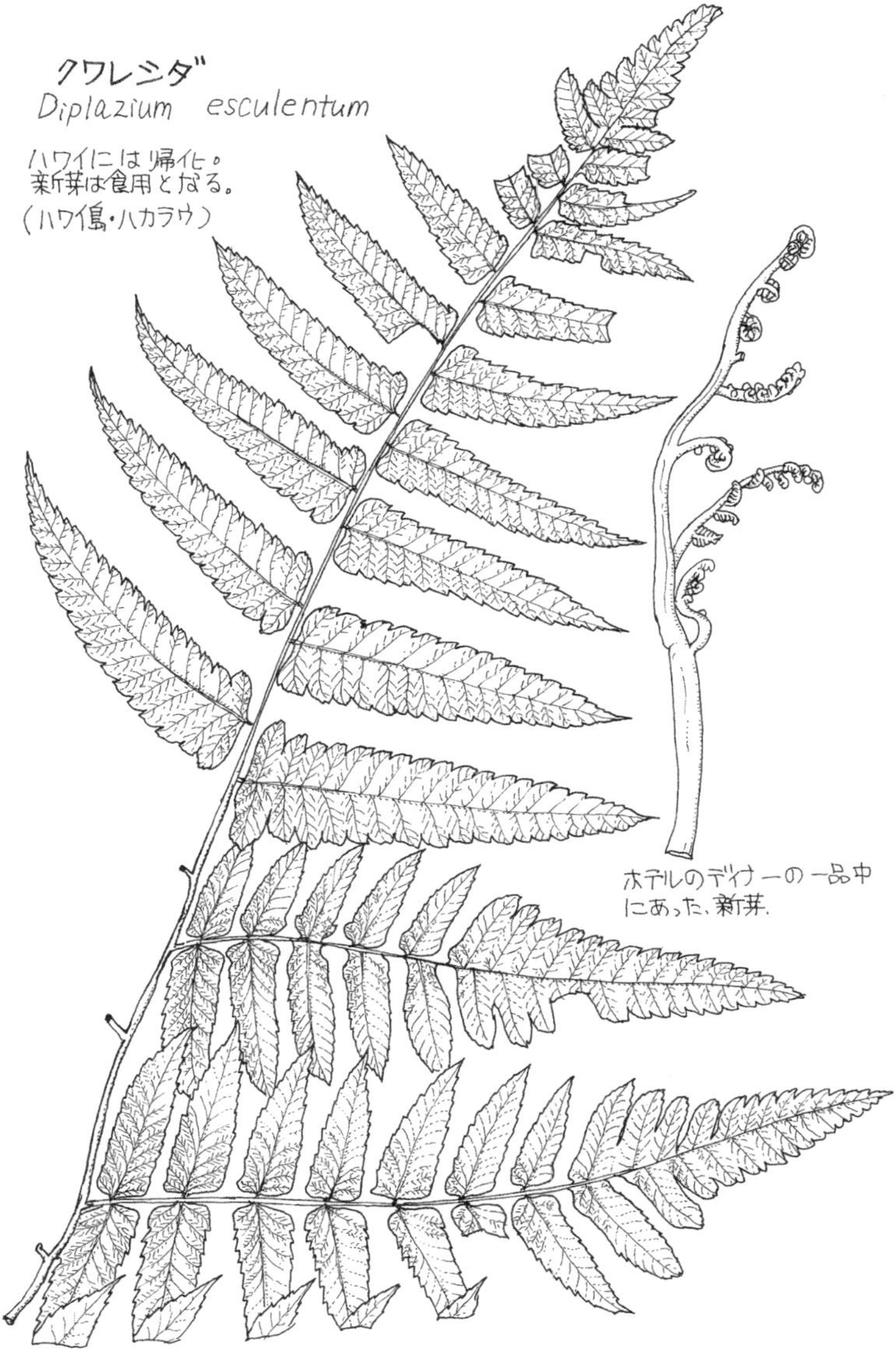
クワレシダ
Diplazium esculentum
ハワイには帰化。
新芽は食用となる。
(ハワイ島・ハカラウ)
ホテルのディナーの一品中
にあった、新芽.

しきれていない。

もっとも、ハワイの高地には、シロヤマシダの仲間の固有種（*Diplazium sandwichianum*）が生育していて、本来、そのシダを食べる文化があって、それがクワレシダに置き替わったということのようだ。

帰化シダの歴史

ハワイの帰化シダのいくつかについて、もう少し、見てみる。

たとえば、帰化シダのリストに、カニクサの名がある。カニクサと言えば、2章でみたように、八重山の島々では神々に扮するときの衣装とされるシダだ。そのカニクサの名が、帰化植物のリストにあるのを見ると、なんだか複雑な思いがする（ヨシおばぁは、「ふだんは普通の草」と言っていたわけだけれど）。

このカニクサがハワイに帰化しているということには、帰国してから気がついた。これは残念だった。カニクサの海外での振る舞いを見てみたかったと思う。代わりに、ウィルソンのハワイの帰化シダについての総説を読むことにする。

カニクサは、一九三六年、初めてハワイ島のヒロ付近で採集され、その後もあまりヒロ付近からは広がることなく生育していた…とある。が、近年、分布の拡大を見せ始め、一九九八年にはオアフ島でも採集されるようになったという。

「南アラバマやフロリダではカニクサが雑草化し、他の植物上に密生して被圧してしまっているから、カニクサの生育をコントロールすべく努力を、可能な限り早くはじめるべきである」

ウィルソンは、こう警告を与えている。

カニクサは、日本では福島県〜関東地方以西にごく普通に見られる在来のシダだ。雑草として猛威をふるうということもない。ウィルソンの「警告」と普段みかけるカニクサの姿にはギャップがある。身近なシダにも、見知らぬ姿があるということだ。

カニクサの帰化した場合の振る舞いについて知るべく、アメリカのカニクサについても、少し、調べてみることにする。

一九二一年に、アンダーソンが『アメリカン ファーン ジャーナル』一一巻にカニクサの帰化について報告をしている。

「一九一三年のこと、私はサウスカロライナの友人宅にあった、鉢植えのつる性のシダに注意を奪われました。このシダは藪の近くで見つかったものだそうです。一九二〇年、サウスカロライナのサマーヒルで、私はこのシダが街のメインストリートの溝脇に生えているのを見つけたので、家に持ち帰り鉢植えにしてみました…」

こんな内容に続いて、カニクサは美しいつる性のシダであることから、愛好家が温室で育てている一方で、逃げ出すものがあること、ひょっとしたら、日本から米と一緒に胞子が来たのではないかと思うこと、さらに日本に行ったことのある友人の弁として、日本ではカニクサが栽培されないことなどが書かれている。

カニクサの仲間には、西表島では行事のときにカニクサと区別せずに使われているイリオモテシャミセンヅルがある。このイリオモテシャミセンヅルもまた、アメリカ本土に帰化している。ペンバートンが『アメリカン ファーン ジャーナル』の八八巻に書いている報告を読むと、その繁茂ぶりはすさまじく、一帯の木々がすっかりおおわれてしまっている写真も掲載されている。

「カニクサもフロリダやアメリカ南東部に帰化したが、イリオモテシャミセンヅルのような深刻な問題を起こしたデータはない」とも書かれている。カニクサの帰化ぶりが「ゆるい」というより、イリオモテシャミセンヅルの帰化ぶりが「すさまじい」ということだろうと思う。こんな報告を読むと、これが本当に、イリオモテシャミセンヅル？　と思ってしまう。日本ではイリオモテシャミセンヅルは八重山諸島でしか見ることができないし、どちらかというと、目にとまると「ああ、生えているなぁ」と嬉しくなるようなものである。まるで「家ではおとなしい子なのに…」という感じがする。

じつは、カニクサやイリオモテシャミセンヅルといったつる性のシダは、シダの中では珍しいものなのである。そのため、両種とも、観葉植物として持ち込まれたのが、帰化のきっかけだ。むろん、持ち込んだときに、こんな結果をひきおこすなど、想像もしていなかったことだろう。ハワイに帰化したのも同じ理由からで、『ハワイズ ネイティブ プランツ』には「栽培植物からの逸出植物である」と書かれている。

ホウライシダの仲間にも、同様の事情がある。

ワグナーの「ハワイにおけるシダの野生化」には、一九四九年に書かれた先行文献が引用されてい

（胞子葉）
イリオモテシャミセンヅル
Lygodium microphyllum
（沖縄・西表島）
つる性のシダ。休耕田周辺などの湿ったところに多い。フロリダでは帰化したものが在来植生に大きな影響を与えている。日本では八重山諸島のみに分布。

る。その引用文献には、「私がハワイに最初にやってきた一九〇七年、シダ温室におけるシダの栽培は、現在のラン栽培のように一般的だった。そしてもっとも普通に栽培されていたものが、カラクサホウライシダやそのほかのアジアンタムであった。私はこのとき、野外でカラクサホウライシダを見つけ、その種は今に至るまで広がり続けている…」と書かれている。つまり、ハワイのカラクサホウライシダも、栽培品からの逸出である。

しかし、帰化シダには、栽培品からの逸出以外の理由もある。

ハワイにも帰化しているイヌケホシダは、カニクサ同様、アメリカ本土にも帰化している。スミスが『アメリカン ファーン ジャーナル』の七一巻に書いた論文では、著者の見たことのあるアメリカ本土産イヌケホシダの標本で最も古いものは、一九〇四年採集のアラバマ州モービル産のものであると書かれている。この中に「イヌケホシダはアメリカの温室では大変一般的な種類である」という一文がある。これからすると、イヌケホシダは各地の温室に随伴して現れる雑草で、そこから野外に逃げ出すということであるらしい。

こうしてみると、帰化したシダのうち、観賞用に持ち込まれたものから逃げ出し、野生化したものと、栽培植物などにくっついてきて、それが野外に広がった場合があることがわかる。

ハワイの生き物に魅かれるのは、ハワイの生き物は、一種、一種、「なぜそこにいるのか」という来歴がくっきりとしているからだ。

もともとハワイに棲みついている生き物。その中で、ハワイに棲みついてから固有の種類に分化したもの。人間の来島とともに、持ち込まれた生き物。それぞれに歴史——物語があるに違いないとくなってくる。

思う。だから、ハワイで生き物に出会うと、「お前はどこからきたのか」と、一つ一つ、問いただした

ハワイのワラビ

鹿児島大学の教員をしている友人と飲む機会があった。その席で、友人の同僚である、アリの研究者のヤマネ先生といっしょになった。

「この前、ハワイに行ってきたんですが、もともといなかった、アリがたくさんいて…」

せっかく、アリの専門家と同席したということから、僕は思いつくままに、そんな話をし始めた。

「そうです。ハワイはもともとアリがいません。アリのいない世界というのは、とても珍しいんです。ですから、ハワイにアリが持ち込まれると、生態系が大きく変わりました」

ヤマネ先生がうなずいた。アリの移入とともに、アリが移入された一帯では、在来の昆虫たちが姿を消してしまったという。アリは強力な捕食者なのだ。アリがいるのが当たり前の世界では、ほかの虫は、アリに対抗する術を持ち合わせるように進化してきたのだが、アリのいない世界の虫は、アリに対抗する術を持っていない。

さらに、思いもかけない話をヤマネ先生から聞くことになった。

「ワラビの芽生えは、蜜腺があるでしょう。だけど、ハワイにはアリがいなかったから、ハワイの

ワラビには蜜腺がないんですよ」

アリの話をしていても、シダの話とつながることに、驚いてしまう。本当にシダの「扉」を開けて、「別世界」に飛び込んでしまったかのようだ。それだけでなく、ヤマネ先生の話の内容にも驚かされる。

埼玉の学校で教員をしていたころ。校庭に芽生えたワラビの新芽を見ていて、アリがやってきているのに気がついた。よく見ると、新芽に蜜腺があって、その蜜をアリがなめにきているのだった。蜜というと、花の中にあるものというイメージがあるが、植物の中には、花以外のところから、蜜を出すものが少なからずある（花外蜜腺という）。これは蜜を出すことによってアリをひきよせ、結果、イモムシといった葉を食べる虫を退治してもらうためではないかと考えられている。

沖縄に戻ってから、ヤマネ先生に教わった話

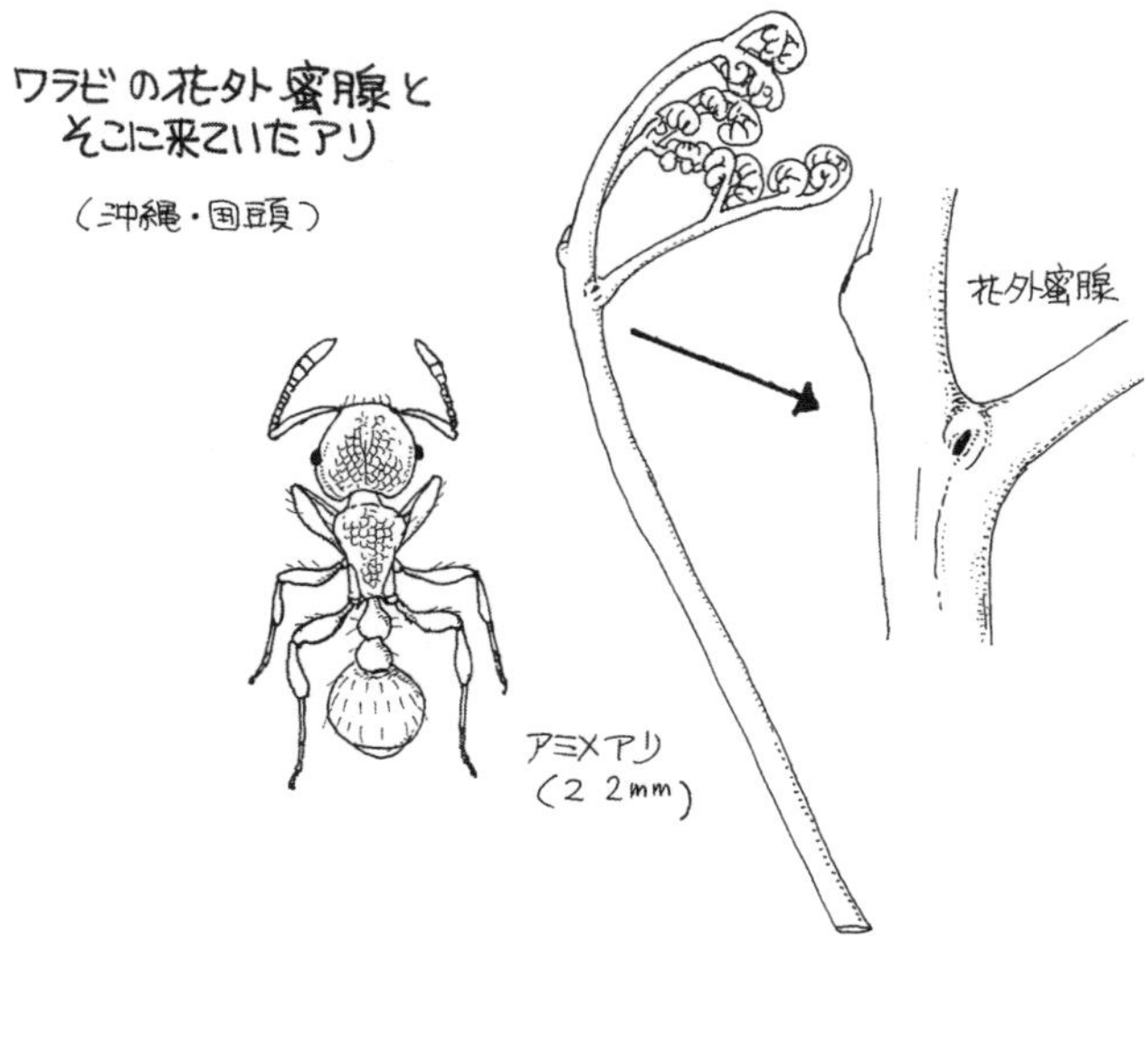

を調べなおしてみた。アリのいないハワイでは、ワラビに限らず、ほかの植物も花外蜜腺を退化させているものが多いという論文が見つかる（Keeler, 1985）。たとえば、僕の通っている大学校内にも生えているノアサガオには花外蜜腺があるけれど、ハワイのノアサガオ（この植物は広分布域種である）の花外蜜腺は退化していると書いてある。ワラビに関しては、「ワラビはハワイに到着してから分化をおこした証拠がある。この世界的な分布を見せるシダのハワイ産のものは、固有亜種とされている」といった内容が書かれていた。

大昔、海底から、海底火山が噴火し、ハワイの島々が生まれた。その島に、風に乗って、ワラビがやってきた。ところが、ワラビが定着した島には、アリがいなかった。

ハワイに生え続けているうち、ワラビは蜜腺をもたなくなった。そんな蜜腺をもたないワラビの生えている島に、人間がやってきた。彼らは、使えそうな植物を探しだし、自分たちで名前をつけていった。

そんな歴史が見えてくる。

ワラビはハワイでは食べられることはなかった。『ハワイズ プランツ アンド アニマルズ』では、「ワラビはキラウという、一般的な名で呼ばれているが、これはいくつかの異なったシダにも使われる名である」と書かれている。ハワイでは、イシカグマやホラシノブに注がれるようなまなざしは、ワラビには注がれなかったのだ。

ハワイから見ると、日本は、生えているワラビは、花もないくせに蜜を出してアリを呼ぶという驚異的な技を持っているし、またそこに住む人々は、ワラビの新芽を食べるばかりか、ワラビをシダの代表のようにも思っているという、不思議な地域…ということになる。

「あたりまえ」は、相対的なのだ。

日本の当り前は、ハワイの不思議。ハワイの当り前は、日本の不思議。

それは織りなされてきた歴史が違うから。

僕たちにとっての「あたりまえ」を、さらに疑う。

5章　恐竜のシダ

南大東島のシダ

沖縄島の東、約三六〇キロの海上に浮かぶ南大東島は、周囲二〇キロ、ぐるりとガケで囲まれた島だ。この島は、ほかの琉球列島の島々と異なり、これまでほかの陸地と一度もつながったことのない、海洋島である。つまり、ハワイと同じような出自を持つ島なのである。いわば、「沖縄の小さなハワイ」と言える。島における人間の歴史はごく浅い。およそ一〇〇年ちょっと前の明治三三年に、八丈島の人々によって開拓が始まった。それまで一度もほかの陸地とつながったことのない大洋の中にある無人島には、ハワイほどではないが、独自の生物相がはぐくまれ、島全体がビロウを主とした林に覆われていた。しかし入植がはじまって以来、木々は切られ、広々としたサトウキビ畑が作られた。そして、ダイトウヤマガラなどの何種かの固有の鳥たちは絶滅していった。

その南大東島に行く。それまでも何度か訪れたことはあったものの、シダの「扉」を開けてから、足を踏み入れるのは初めてのことだ。それまでと違って、どんなふうに島の風景が見えるのだろうとわくわくする。

南大東島で、まず目立つシダというとテツホシダだ。琉球列島の島々には、淡水の池や湖が少ない。しかし、南大東島は、島の中央部に大小さまざまの池がある。この池の浅瀬に、テツホシダがたくさん生えている。テツホシダはハワイにも生育するシダだ。ハワイでは、このシダにネケという名を与えていることは、前章で紹介したとおりだ。沖縄島の湿地でもテツホシダを見ることはできるが、これほどテツホシダだらけというのは、南大東島ならではの風景だと思う。

しかし、全体的に言って、南大東島にはシダが少ない。

島の平たん部は、ほぼサトウキビ畑となっている。そのキビ畑や、家々の周囲に、ほとんどシダが見当たらないのだ。驚いたのは、那覇の街中でもごく普通に見ることのできる、ホシダ、リュウキュウイノモトソウ、カニクサといったシダさえ見当たらないこと。ホシダは探し回った挙句、ようやく集落のコンクリートの壁のすきまに、もやし状に生えた貧弱な個体を見つけたにとどまった。

これが、海洋島という南大東島の出自によるものか。それとも島の環境によるものか、何が原因かは、はっきりとわからなかった。しかし、ホシダが「あたりまえ」なのは、普遍的な話ではないのだということがよくわかる。

沖縄県内の島同士でさえ、こんな違いがある。だから、本土のシダの「あたりまえ」は、沖縄では通用しないことがある。

ツクシって知っている？

ツクシって知っている？

大学のゼミで学生たちに、そんな質問をしてみた。

「ツクシって、オオバコみたいなの？」

「上にマツボックリみたいなのがついてるやつ？」

こんな発言が飛び出す。

こんなところにも、「あたりまえ」が相対的であることの例が転がっている。

ツクシは誰にとっても、なじみの植物。漠然とそんな思い込みをもっていたのだけれど、沖縄出身の学生たちにとって、ツクシというのは、「見たことがないもの」であるのだ。

ツクシはスギナというシダの、胞子を散布するためにつくられた器官（先端部分は胞子のう穂と呼ばれる）である。たとえるなら、種子をつける植物の花に近い器官だ。そして本土ではごく普通に見かけるスギナは、琉球列島のうち、トカラの島々が分布の南限になっている。すなわち、沖縄島にはスギナは生えておらず、したがって、沖縄県内出身の学生は、ツクシを見たことがない。

実物は見たことがないのに、ツクシは知っているの？　と、あらためて質問をする。

「なんでだろう？」

「小学校の国語の教科書とかにでてきたかな」

「詩のところとかの気がする」

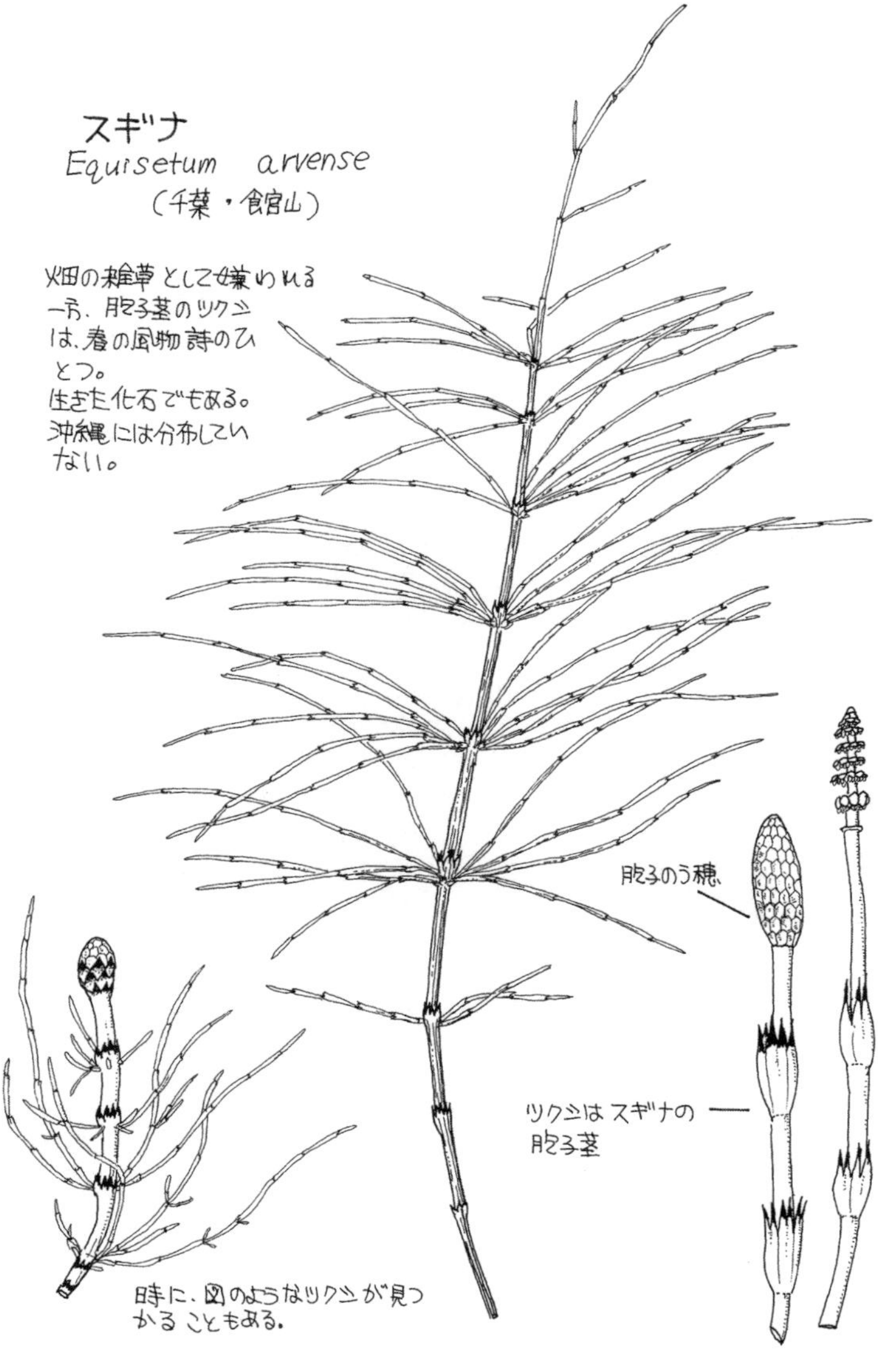

スギナ
Equisetum arvense
（千葉・館山）
畑の雑草として嫌われる一方、胞子茎のツクシは、春の風物詩のひとつ。
生きた化石でもある。
沖縄には分布していない。
胞子のう穂
ツクシはスギナの胞子茎
時に、図のようなツクシが見つかることもある。

「ツクシの絵がいっぱい、描いてあったよ」

では、ツクシの大きさとはどのくらいだと思う？　と聞く。

「これくらい」と、一メートルほどの高さを手で示す学生もいるので、思わず、笑ってしまう。

「小さいんでしょ。それが、チョー、たくさん生えてるっていうイメージ」

「食べられるって、本当？」

「えーっ、食べられるの？」

「えっ？　雑草じゃないの？」

「雑草なの？」

「そもそも草なの？」

「花とか咲くの？」

「どこに生えているのかも、よくわかんない」

次々と、こんな声が挙がる。

おもしろい。ツクシなんて「あたりまえ」のものと思っていたけれど、こんなやりとりをきっかけにして、ツクシがどんなものかなんて、今までちゃんと考えたことがあったろうかと、思い返す。

ツクシの先祖

沖縄出身のゼミ生たちと、ツクシ談義をしたおり、学生たちに自由に発言をしてもらった後で、学生の一人が言った、「ツクシに花って咲くの?」という発言をとりあげてみることにした。

昔々、植物はみんな海の中に生えていたでしょう…というところから、話を始める。

「うん。ワカメやコンブ…」と返事が返ってくる(正確には、ワカメやコンブは陸上植物とはかなり縁が遠いことがわかっている。陸上植物と縁が近いのは、アオサなどの緑藻類)。

「最初は海の中にしか植物は生えていなかったのだけれど、そこから植物の上陸が始まった。乾燥に耐えられる仕組みや、根から水分を吸い上げる仕組みなどが徐々に備わっていったんだよ。繁殖の仕組みも、上陸したばかりのころは、胞子で増えるというものだった。そこからやがて、花を咲かせ、種で増えるという、より乾燥に強い繁殖の仕組みも生まれていったんだよ。そうした上陸初期のからだのつくりをまだ残しているのが、シダやコケだよ。今の森は、花をつける木が主役だけど、地球で初めての森は、シダの仲間の森だったんだ。たとえば約三億年前に石炭紀という時代があるけど、その時代の森をつくっていた木の一つに、高さ二〇メートルにもなるツクシの仲間があったんだよ」

「えーっ」と、驚きの声があがった。

おそらく、学生たちの頭の中には、二〇メートルのまっすぐに伸びる、巨大なツクシが思い浮かべられていたはずだ。

『植物のたどってきた道』（西田治文、NHKブックス）を開くと、植物が上陸したのは、およそ四億七〇〇〇万年前の古生代オルドビス紀中期ごろであるという。この最古の陸上植物の化石というのは、胞子や植物の破片などで、どのような姿の植物であるかは、はっきりしていない。

スコットランドの三億九〇〇〇万年前の古生代デボン紀の地層からは、ライニーチャート植物群と呼ばれているリニアやアステロキシロンといった植物たちの化石が見つかっている。

リニアやアステロキシロンには、茎の中に維管束と呼ばれる水を運ぶ組織があり、より陸上に適したからだとなっていたこともわかっている。外見は、二分岐する枝が伸びあがっているというもので、葉らしい葉はもっていない。つまり、最初の陸上植物には、今の陸上植物（木や草）のような葉がなかったのだ。やがて、陸上植物は葉を持つようになるが、その葉のつくりかたに、大きく分けて二つの方法があった。一つが大葉でもう一つが小

葉と呼ばれるものだ。

植物を専門としている人以外にはなじみがないことだけれど、この葉っぱの起源を引き継ぐ形で、現在の植物も、大きく大葉類（葉っぱの中に維管束がたくさんあり、葉脈が分かれる）と小葉類（葉っぱは刺状で、その中に一本の維管束が先端までのびているだけ）に分けられている。

古生代石炭紀になると、リンボク（レピドデンドロン）やロボク（カラミテス）といった巨大な木々が生育するようになる。これらが後の、石炭のもとになった木々だ。リンボクは高さ四〇メートル、ロボクは高さ二〇メートルになったとある。このリンボクは現代のヒカゲノカズラの仲間で、ロボクはスギナの仲間だ。

ロボクはツクシではなく、スギナをものすごく巨大な形にした姿をしている（直径も数十センチになった）。そしてその枝の先端のところどころに、ツクシの頭の部分と同じような形をした、胞子のう穂をいくつもつける。それでも本体が二〇メートルもあるから、この胞子のう穂は直径四センチ、長さ一五センチを超えるそう（ゼミ生たちが頭に思い浮かべたような、一本の巨大なツクシが生えていたわけではないのだ）。石炭紀にはこんなふうに、スギナの仲間は森林の主役級をはっていたのだが、現在は畑や畔でみられる草状の姿となっている。スギナと同じ仲間のシダに、トクサがある。スギナやトクサの仲間は、世界でも一五種（日本で九種）しかないから、グループ全体として、かつての栄光ある時代から、ずいぶん衰退してしまっているといえる。

「スギナっていうのが、ツクシの葉にあたるところで、ツクシがスギナのいわば、花みたいなもんなんだよ。でも、そうか…スギナも見たことがないよね？」

「ツクシって、葉っぱがあるの?」

「キノコみたいなものだと思ってた」

ゼミ生たちは言う(のちに本物のスギナを見せたら、「モズクみたい」などと言っていた)。

「スギナはやがて、今の木の仲間に森の主役をバトンタッチしたわけ。だからスギナは、森の隙間を見つけて生き延びている。たとえばね、田んぼの畔とか土手なんかに、スギナは生えているんだよ」

「土手って何?」とここで問われて、なるほどと思う(沖縄には線路も大きな川もないので、土手というものも、なじみのないものなのだ)。

「まぁ、明るいところが好きなんだよ。で、さっきも言ったようにツクシはスギナの花のようなものだから、ツクシは春にだけでてくるし、光合成はしないから、緑色もしていない。胞子をばらまくと、すぐに枯れてしまうから、ツクシのからだは柔らかくて、食べることもできるんだよ…」

「へーっ、ツクシって時期があるの?」

「そうだよ。サクラの花だって、時期があるでしょう」

「時期が終わると、頭のところがとれちゃうの?」

「いやいや、全体がしなびて、倒れちゃうんだよ」

「昔の二〇メートルのやつも、時期がきたら倒れるの?」

「いやいや、ロボクは、枝の先のツクシみたいなとこだけが、胞子をまいたらしなびたんだと思うよ。それでも、ロボクとスギナでは共通点もあって、たとえば、両方とも、茎は中空なんだよ」

「えっ? ツクシって、茎の中を切ると、穴が開いているの?」――また、思わぬところで、ゼミ生たちが驚きの声をあげた。そう言われれば、ツクシの絵を見ただけでは、茎の中が中空かどうかなんかはわからない。

「ふーん、それじゃあ、二〇メートルのやつも、中は穴が開いてたの？ それでも茎は硬かったの？」

「そうだろうねぇ」――僕もロボクは見たことがないので、ここのところは答えがあいまいになってしまう。

当たり前のはずのツクシやスギナも、見たことがない人に説明をするのは大変だ。

ツクシの東西

「生徒の中にある常識を打ち破る手助けをするのが、教員の役目。でも、教員は、自分自身が常識に縛られているのにも気がつかなくちゃいけない」

父は教師の心得として、そんなことを言っていた。

繰り返しになるけれど、「あたりまえ」というのは相対的なものだ。知っているのが「あたりまえ」というのは知っている人から見たものの言い方だ。立場が逆転すれば、同じことでも、知らないことが「あたりまえ」ということになる。沖縄では、ツクシを見たことがないのが、「あたりまえ」なのだ。

視野をさらに広げてみることにしよう。

シダは胞子で増える。そのため、広い分布域を持つものが少なくない。遠く離れたハワイにも、日本で見られるシダと同じ種類が分布していたりする。このことに気づいて、自分の中の世界地図が変化した。なじみのない土地でも、自分の知っているシダが生えていると知るだけで、なんだか身近に感じられるようになったのだ。それまで僕は、イギリスをはじめとするヨーロッパには、ほとんど関心がなかった。どこか、遠い世界の土地だという認識だった。けれど、ヨーロッパにも、日本と同じシダが分布している。それを知っただけで、ヨーロッパが近くなったような気がした。たとえば、沖縄には生えていないスギナも、ヨーロッパには生えている。

ヨーロッパでのスギナのあり方を知りたくなって、ネットを使って、海外の文献をのぞき見てみることにした。すると、自分の中の「あたりまえ」が、また、ゆらぐ。

イギリスは博物学の伝統がある。そのイギリスで、スギナはどんなふうにみられていたのだろうと、ちょっと古い時代のイギリスのシダ図鑑を見てみることにした。

一九一二年に刊行された図鑑がネットにヒットする。

British ferns, clubmosses, horsetails（Farguson, 1912)

この図鑑の解説を読むと、イギリスには、スギナやトクサは全部で八種あるが、そのうち一番よく知られた種類は、英語でフィールド・ホーステイルと呼ばれる、*Equisetum arvense* であると書かれている。つまりは、日本で見られるスギナのことだ。「この植物は鉄道の土手や道脇、さらにはもっと多くの場合、放牧地や耕作地にたくさん生えている」と紹介されている。ちなみに学名の *Equisetum* は、「馬の毛」に由来している。

今度は『イギリスのシダの歴史』（*A popular history of the British ferns*, Moore, 1851）、の中のス

ギナの解説も見てみる。

「我々の知る限り、この植物には何の使い道もない。その粗い茎は、牛も見向きもしない。一方、この草は牧草地に豊富に存在し、耕地にとって問題の多い雑草となっている」

なんだか、記述に「愛」がない。スギナはただのやっかいものとして、紹介されている。また、両書とも、ツクシに関しての記述がないことが、日本人である僕からすると、不思議に思えてしまうけれど、イギリスではツクシを食べるなんてことはないのだろう。さらにイギリスでスギナやツクシがどうみられているかについて、さまざまな植物の利用や伝承を詳細に紹介している『イギリス植物民俗辞典』（ヴィカリー、八坂書房）を見てみたが、この本にはスギナ自体に関しても、カケラもでていなかった。どうやら、イギリス人は、スギナ（およびツクシ）に関して、冷淡だ。次に、手元にある『大辞林』（三省堂）でスギナを引いてみる。

「荒れ地、原野などに生える。（中略）早春、俗に〝つくし〟と呼ばれる胞子茎が出、のち栄養茎が出る。（中略）胞子茎は食用となり、栄養茎は利尿薬にする」

江戸時代の本草家、貝原益軒の書いた『大和本草』も見てみる。

「花茎を煮食す。味よし、毒なし。花は茎ともに早く枯れ、苗は後に生ず。スギナという。葉は杉のごとし。馬、好んで食う。（中略）その乾したるを、外医用ゆ」

こうして比較してみると、ニュアンスが、イギリスの本とはずいぶんと違っていることがわかる。

シダとヒカゲノカズラとスギナ

イギリスの古い図鑑の記述を見ていると、洋の東西でツクシやスギナに対してのイメージが随分と違っているのがわかった。しかし、気がついたのはそれだけではなかった。図鑑の書名からして、「あっ」と思ったのだ。

書名をもう一度見てみると、*British ferns, clubmosses, horsetails* である。たとえば日本のシダの図鑑の書名を見ると、『日本の野生植物 シダ』とか『検索入門 しだの図鑑』とかであるのに…である。何が違うかというと、英語では、シダを「シダ」という一言で表さないということなのだ。いわゆるシダらしいシダがファーンなわけだが、そのほかにクラブモスとホーステイルというものがあるということだ。書名を訳すと『イギリスのシダ、ヒカゲノカズラ、スギナ』となる。ヒカゲノカズラはシダの仲間なのだけれど、いわゆるシダとはずいぶんと姿が違っていて、中にはコケのように見えるものもある。ただ、コケと違うのは維管束を持つこと。このヒカゲノカズラの仲間は、時期になると、ツクシのような胞子のう穂を伸ばすものがあり、この胞子のう穂を棍棒（クラブ）に見立てて、「クラブモス」という名があるわけ。ホーステイル（馬の尻尾）は、スギナやトクサの仲間のことだ。つまり、僕らがシダと一言でいうものを、「シダとヒカゲノカズラとスギナ」と言っているということだ。

スギナって、〝シダ〟と同格なの？　という思いが、自分の中にある「あたりまえ」にひっかかる。だいたい、なんで、こんなにめんどうくさい呼び方なのだろうかとも思ってしまう。ところが、調べてみると、英語の言い方のほうが、生物学的には正しい言い方だったのだ。調べてみてわかったのは、シダというのは、グループというより、「段階」につけられた名前ということだ。

ちょっと、わかりにくいかもしれないので、ほかの生き物を例にしたい。

あるとき、ナメクジ好きの女子高生に出会ったのをきっかけにして、ナメクジの「扉」を開けてしまったことがある。このときは、しばらくのあいだは、寝ても覚めても、ナメクジのことばかり考えていた。そのナメクジを例にとりあげてみることにする。

ナメクジについて調べてわかったことは、ナメクジと呼ばれる生き物の出自には、いろいろあるということだった。ナメクジは貝の仲間だ。貝はもともと海の生き物なのだけれど、その中で陸上に進出したものがあり、さらにその中で貝殻を退化させたものをナメクジと呼んでいる。が、陸上に進出した貝のグループはいくつかあり、その別々のグループから、それぞれナメクジ化した貝がうまれている（付け加えると、陸上に進出した同じ貝のグループの中からも、複数回にわたって、別箇にナメクジ化した貝が生まれている）。結果、ナメクジというまとまりのある生き物のグループがあるわけではなく、陸に棲んでいる貝のうち、ナメクジ化したものの総称をナメクジと呼ぶということなのだ。

シダも同じだ。

陸上に進出した植物のうち、維管束を発達させたものの、花や種子をつけることのない進化段階にあるものを、シダというのである。つまり、シダというまとまりのあるグループがあるわけでなく、「シダ段階」にある植物たちがいる…というのが実情だ。

先に、植物は葉っぱのできかたで、小葉類と大葉類に二分できると書いた。たとえば、同じシダの中にも、小葉類と大葉類がある。
具体的に名をあげると、表5のようになる。
日本語でシダというとき、シダ段階にある植物をすべてひっくるめてシダと呼ぶ場合と、大葉類の中のシダ類（ワラビなど、狭義のシダ類）だけを呼ぶ場合と、両方あるということになる。英語の〝ファーン〟は、狭義のシダ類だけを指しているので、シダ段階の植物を全部まとめるときは、先のように「シダとヒカゲノカズラとスギナ」（マツバランはヒカゲノカズラに含めている）と呼ぶことになるわけだ。つまり、スギナは〝シダ（表5のエ）〟と同格なのである。

表5を見てわかるように、スギナは葉っぱらしい葉がない姿をしているけれど、大葉類に分類されている。スギナは進化の途中で葉が特殊化したものなのである（ツクシを食べるときに、剥く、はかまと呼ぶところは、退化した葉である）。ただしスギナは大葉類の中で、ワラビやゼンマイといった、狭義のシダ類とはグループが異なっている。この本では日本の慣例にしたがって、ヒカゲノカズラやスギナもシダに含めている。以下、表5のエにあたるもののみを指す場合は、「狭義のシダ類」と表記したい。

学生たちは、「シダって、くるくるしているもの」というイメージをもっている。この言い方を最初に聞いたときは、なんだかもう少し、科学的な言い方があるんじゃないの？　と思ってしまったものだけれども、「くるくる」するのは、狭義のシダ類だけである。スギナやマツバランやヒカゲノカズラの仲間の新芽は「くる

表5　シダ段階の植物

小葉類	ア・ヒカゲノカズラ類 イ・マツバラン類
大葉類	ウ・スギナ（トクサ）類 エ・シダ類

くる」していない（だからミーナは、マツバランをシダだと思わなかった）。こうしてみると、「シダ=くるくる」は、思いのほか、正しい言い方と言えるかもしれない。

スギナは生きた化石？

石炭紀に出現した生き物の一つにゴキブリがある。学生たちに、「生きている化石って知っている？」と聞くと、「シーラカンス」「カブトガニ」と並んで「ゴキブリ」の名があがる。『ゴキブリ三億年のひみつ』（安富和男、講談社ブルーバックス）という本も、副題はずばり「台所にいる〝生きた化石〟」というものである。文中には「ゴキブリは三億年、あるいはそれ以上前の古生代石炭紀に地球上に現れた。石炭紀は高温多湿な気候だったらしく、巨大な木生シダ類（リンボク、ロボク、フウインボクなど）が地球最初の大森林をつくった。（中略）沼地のほとりの湿っぽいシダ林がゴキブリたちの故郷である」と、ゴキブリの出自を紹介している。では、ゴキブリが生きている化石というのなら、ゴキブリが棲んでいた時代の森を構成していたロボクの仲間であるスギナも、生きている化石といっていいのだろうか？　僕はツクシの佃煮が好物なのだけれど、それが「生きている化石の佃煮なのだ」と考えると、ちょっと、楽しい。

ところが、「生き残った化石植物―〝生きている化石植物〟」（木村、一九九四）を読むと、スギナ（トクサ）の仲間は、現生種が多いから、生きている化石扱いは不適当である…と書かれてあった。

いったい、どっちなのだろうかと思う（ゴキブリも、日本だけで五二種もいるから、生きている化石扱いは不適当ということになるのだろうか?）。

そもそも、生きている化石の定義とはなんだろう。

『植物のたどってきた道』を見ると、生きている化石には、「明確な定義はない」と書かれていて、ちょっとびっくりする。これからすると、研究者によって、生きている化石の定義は異なっていてもかまわないということになる。この本の中では、生きている化石とは、「だいたい、…」（だいたいなのだ）「現生する近縁の仲間がおらず化石のみ古くから知られていたり、かつて繁栄していたものが現在細々と生きながらえているもの、また、長い時代をへてもあまり形に変化がなかったものなどがそう呼ばれている」と書かれている。

さらに、生きている化石について書かれている文献を探すうち、読んで、なるほどと思う論文に出会うことができた。

「〝生きている化石〟とは何か」（千葉、一九九四）だ。その内容をざっと紹介したい。

ゴキブリは石炭紀からその姿をほとんど変えておらず、生きている化石の一例とされる。にもかかわらず、ゴキブリにシーラカンスのような重要性を感じる者はほとんどいない。しかし、ゴキブリは、生きている化石の普通、見逃されがちな側面を象徴するものとして重要である…。

その重要な点とはなにか。それは「〝生きている化石〟が〝長期にわたって形が変わらない〟という点」である。この形の不変性は程度の違いを別にすれば、決して珍しいものではない（だからこそ、見逃されがちになる）。では、そのどこが重要なのか。

形が変わらないこと（形態の停滞）は、一見、進化とは相反することのように思える。しかし、この形の不変は特殊なことではなく、普通に見られることである。なぜかというと、生き物は、「変わりにくいもの」だからだ。普通は、より、平均的な性質をもった個体のほうが、生き延びやすい。つまり、生き物には、形を変えずにいようとする作用と形が変わろうとする作用が同時に働いている。その相互作用の結果が、進化だ。

生きている化石は、長期間、形が変わっていないもののことだけれど、これは特殊な生き物なわけではなく、絶滅さえしなければ、多くの生き物もそうなりうるということだ。さらにいうと、一つの生き物の身体の中にも、祖先的な形質から、進化した形質までがモザイク状に存在していることに気づく。この体の中の祖先的な形質も、生きている化石と同じものと言えるのではないだろうか…。

こんな内容である。

『維管束植物の形態と進化』（ギフォードほか、文一総合出版）を読む。この本の中に、「現生のトクサ属自体が石炭紀に存在していたらしい証拠があり、それ以後には大きな変化をしていないようである。もしそうならば、トクサ属は今日の世界で最古の現存維管束植物の一つということになる」と書かれている。こうした点からすると、スギナやトクサは、立派な、生きている化石と呼んでよさそうだ。史上初めて木になったのは、石炭紀のリンボク（ヒカゲノカズラの仲間）やロボク（スギナやトクサの仲間）などだちだった。

「しかし」と、「植物化石が語る進化」（西田、二〇〇四）には書かれている。石炭紀後期になると、地球は寒冷化しはじめ、シダ類の森は衰退しはじめる…と。変わって新たに生まれた種子植物が幅を利かせ始める。それは種子のすぐれた特性（耐乾性と休眠性）によるという。こうした森の主役の交代にともない、生き残ったシダ類にもあらたな工夫が必要とされた。たとえば、着生という生き方がそれである。多くの着生種を含む、ウラボシ科のシダは、被子植物の森林の出現にあわせて登場をし始めるのだという。また、原始的なシダには、耐陰性を可能にするタンパク質がみられないことから、このタンパク質の獲得が、シダの林床への進出を可能にしたという研究もあるという。

シダというと、なんだか湿った、くらい森の底に生えているのが「あたりまえ」というイメージが

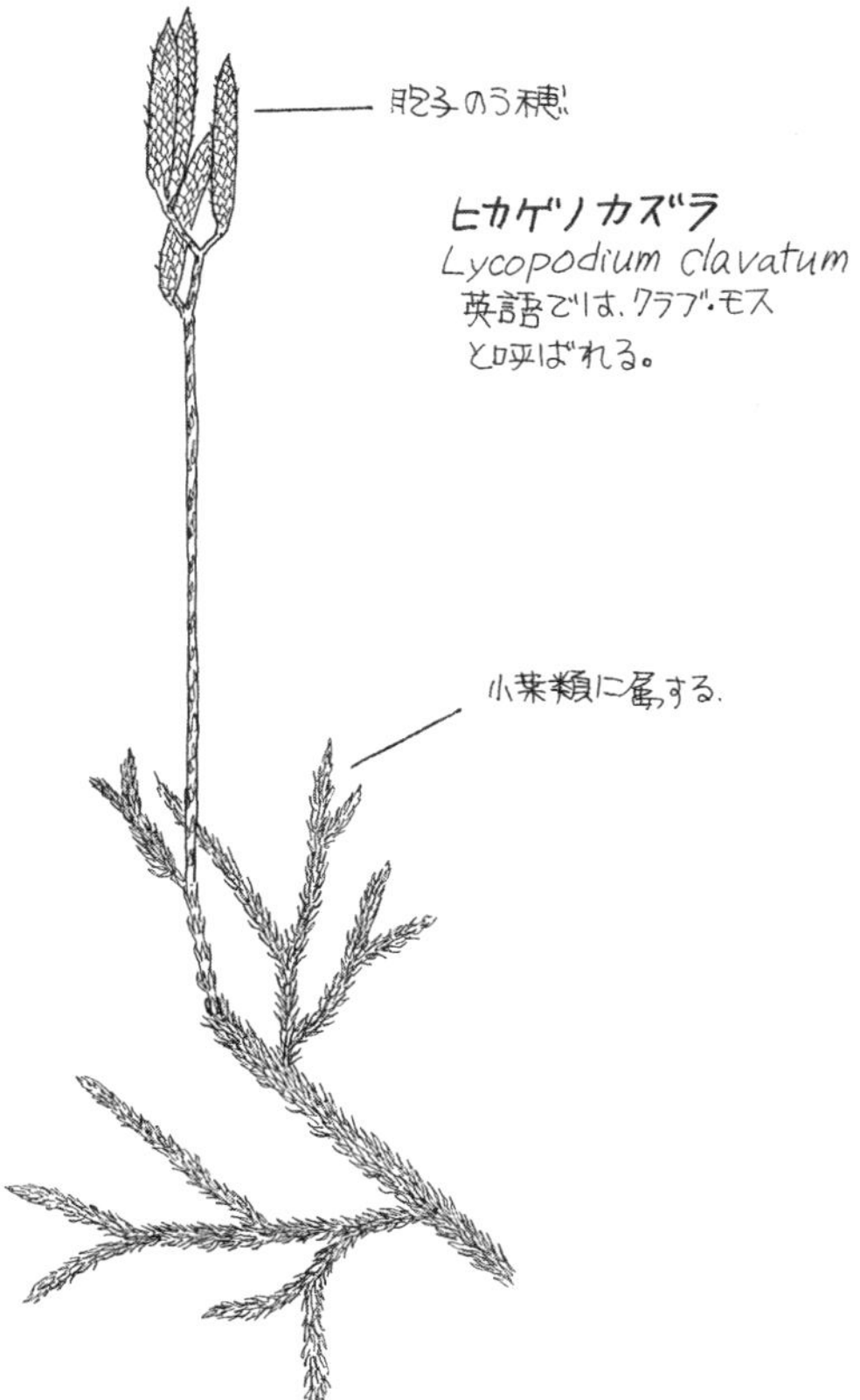
胞子のう穂
ヒカゲノカズラ
Lycopodium clavatum
英語では、クラブ・モス
と呼ばれる。
小葉類に属する。

あった。だが、こうしたくらい林床に生えることのできるシダは、「進化したシダ」なのだ。これからすると、田んぼの畔や畑の中など明るいところに好んで生えるスギナは、かつての王者のプライドが捨てきれていない、旧式のシダと言えるだろう（この点も、生きた化石にふさわしく、変化していない点である）。

恐竜とシダ

子ども時代、僕は恐竜の背景に木生のシダが生えているというイメージをもっていた。このイメージは正しいのだろうか？

古生代・石炭紀の森の主役であったリンボクやロボクは、やがて種子植物に取って代わられたと「植物化石が語る進化」に書いてある。となると、恐竜の繁栄していた中生代の森の主役は、種子植物だったことになる。では、シダはどの程度、生えていたのだろう。学生たちは、草食恐竜は「普通の草」を食べていたんじゃないの…と僕に言うのだけれど、はたして恐竜時代の「普通の草」とはどんなものだったのか？

恐竜時代の「普通の草」にはシダも含まれていた？　それと、たとえばシダの中には「家畜が食べるシダ」と「食べないシダ」があったけれど、恐竜時代に普通にシダがあったとして、「恐竜が食べるシダ」と「食べないシダ」などという区分もあったのだろうか。

本屋で、たまたま『ザ コンプリート ダイノソー（恐竜のすべて）』という英文の本が目にとまる。パラパラめくってみると、その中に、古植物学者のティフニーによる、草食恐竜と陸上植物の関係に関する論文が載っていた（Tiffney, 1997）。これを読んでみる。

「中生代のシダ類は、一般的には背の低い草本で、発達した幹を持っていなかった」

こんなことが、書いてある。沖縄など、南の島に来ると、木生シダのヘゴの仲間が目に入る。こんなシダを見ると、なんだか恐竜時代に逆戻りというイメージを持つ。ところが、恐竜時代には、木生のシダは生えていなかったというわけなのだ（ヘゴの先祖は中生代に出現するものの、現在のような姿になったのは、その後の新生代になってから後であると『植物のたどってきた道』にある。ヘゴは「わりあいに新しい群」なのだそうだ）。どうやら、恐竜時代の植物については、ずいぶんと「知っているつもり」や「まったく知らないこと」が多いようだ。

先の本の中に、「草食恐竜の視点からすると…」とある。「草本的なシダは早い生長をみせ、地下に生長点や貯蔵物があることから、植物体を枯らすことなく持続的な利用が可能な資源である。しかしシダは繁殖のために、湿度が必要である。そのため中世代の広大な乾燥地や季節的に訪れた乾季の下では、シダは一般的には入手しやすい資源ではなかったであろう」——シダは、利用しにくい資源であった？　加えて、現在のシダには化学物質を持つことで哺乳類に食べられないようになっているもの（「家畜が食べないシダ」や「シカが好まないシダ」のことだ）があるが、恐竜時代にも同様の作用を持つシダがあったろうと書かれている。

そうすると、恐竜はシダを食べなかったということになるのだろうか？　ティフニーは、ブラキオサウルスやアパトサウルスなどの、雷竜と呼ばれる巨大な草食恐竜の主な食糧は、裸子植物の木の葉であったろうと書いている。現代のナンヨウスギなどがこれにあたる。

「裸子植物はたぶんもっとも重要な食糧であったろう。なぜなら大陸を通じ広く分布していたからだ。しかし、中生代の裸子植物の葉の被食抵抗性と豊富な化学物質の含有は、おそらく十分な栄養を得るためには、たくさんの量の葉の消費を命じただろう」

こう、書かれている。ティフニーは、雷竜が巨大だったのは、主な食糧であった裸子植物が、食糧としての質が悪く、そのため大量に食べなければならなかったことの結果だと指摘している。ところが、こうした事情は、中生代の後半、白亜紀になって、一変する。

ジュラ紀に陸上植物の主役であった裸子植物に代わり、被子植物が出現し、多様化するのだ。あらたに出現した被子植物は、裸子植物より成長が早く、エネルギー源としてもすぐれていた。そのため、被子植物の出現とともに、草食恐竜は大きく変化する。雷竜に代わって、カモノハシ竜や、角竜が繁栄するようになるのである（質の高い食物を食べるようになったため、雷竜に比べ、小型化したとある）。この角竜の代表が、有名なトリケラトプスだ。また、これまで発見されて恐竜の種類の、ほぼ半数にあたる種類が、恐竜時代の最後の二〇〇〇万年間に見つかっているということも、被子植物の出現によって、恐竜が多様化した証拠であろうと紹介されている。

恐竜はシダを食べなかった。

それどころか、被子植物こそ、恐竜の繁栄をもたらした…？　つまり恐竜時代はシダの時代ではなかったということだろうか？

丸のみすれば大丈夫？

日本語の文献にもあたってみる。「脊椎動物の食性」（瀬戸口、二〇〇一）という論文に、以下のような内容が書かれている。「シダ植物を主体にした植物群が、はたして多種、多様な植物食性の脊椎動物を養うことが可能かどうかは、かなり疑問である」

この論文に書かれている内容も、ティフニーの論文の内容と近い。「栄養価の高い被子植物を背景に多様な植物食性の恐竜が進化」し、ひいてはそれが最強の肉食恐竜・ティラノサウルスの誕生もうながしたとある。

ただし、こうした考えには異論もある。恐竜学者、セラノはティフニーに反論している（Sereno, 1997）。セラノの考えの基盤にあるのは、「恐竜と植物の共進化は認めるだけの証拠がない」ことだ。もっと直接的に、草食恐竜の糞化石に含まれる証拠から、そのエサについて報告している論文（Prasad *et al.*, 2005）もあるものの、まだ草食恐竜が何をエサにしていたのかについての直接的な証拠は少なく、わかっていないことのほうが多い。そのため、少し、違った角度から、この問題を論じている論文がある（Hummel *et al.*, 2008）。現生の植物の分析から、それぞれの植物が、食糧として、どのくらいのエネルギー源となりうるかを実験室で計測したという研究報告である。先行研究の中には、雷竜はシダをエサとしていたというものもあることから、被子植物、裸子植物、シダで比較が行われた。

結果、劣悪なエネルギーしか生み出さないだろうと考えられていたシダであるけれど、確かに木生シダは貧弱なエネルギー値しか示さなかったものの、リュウビンタイやゼンマイは高い値を示したのだ。また、スギナやトクサの仲間のエネルギー値も高いという結果が出た。また、スギナやトクサの仲間は、タンパク質も比較的多くふくんでいることがわかった。このことから、草食恐竜はスギナ・トクサ類を好んだかもしれないことと、より高い質のエサを必要とする小型の草食恐竜にとって、特にスギナ・トクサ類は重要なエサであったのではないかということを、ハンメルらは提唱している。

しかし、トクサというのは、ケイ酸質を大量に含んでいて、紙やすりの代用に使われるようなシダだ。そんなものが上質のエサになったのだろうか?

この疑問について、ハンメルらは次のように書いている。スギナ・トクサ類はケイ酸質を豊富に含む。ケイ酸質は草食動物の歯をすり減らすなど、食べにくさを与える。しかし、あまり口の中でエサをかみつぶさない恐竜にとっては、スギナ・トクサ類をエサとして利用するのは、容易だろう。実際、現在も、エサを丸のみする鳥の仲間に、スギナ・トクサ類を利用するものがいる…。

ざらざらしているスギナ・トクサだって、丸のみすれば大丈夫?

なるほどと言えば、なるほど。

ちなみに現生の鳥で、スギナ・トクサ類を食べるという研究が報告されているのは、ミズドクサを食べる水鳥のガンだ(Thomas *et al.*, 1982)。これによると、ミズドクサの新茎は、二〇パーセントを超えるタンパク質を含んでいるという。そのため、ミズドクサをエサとすることで、ガンは繁殖地で雛を育て、繁殖で失ったタンパク質も補充できるとある。

イヌドクサ *Equisetum ramosissimum*（沖縄・国頭）

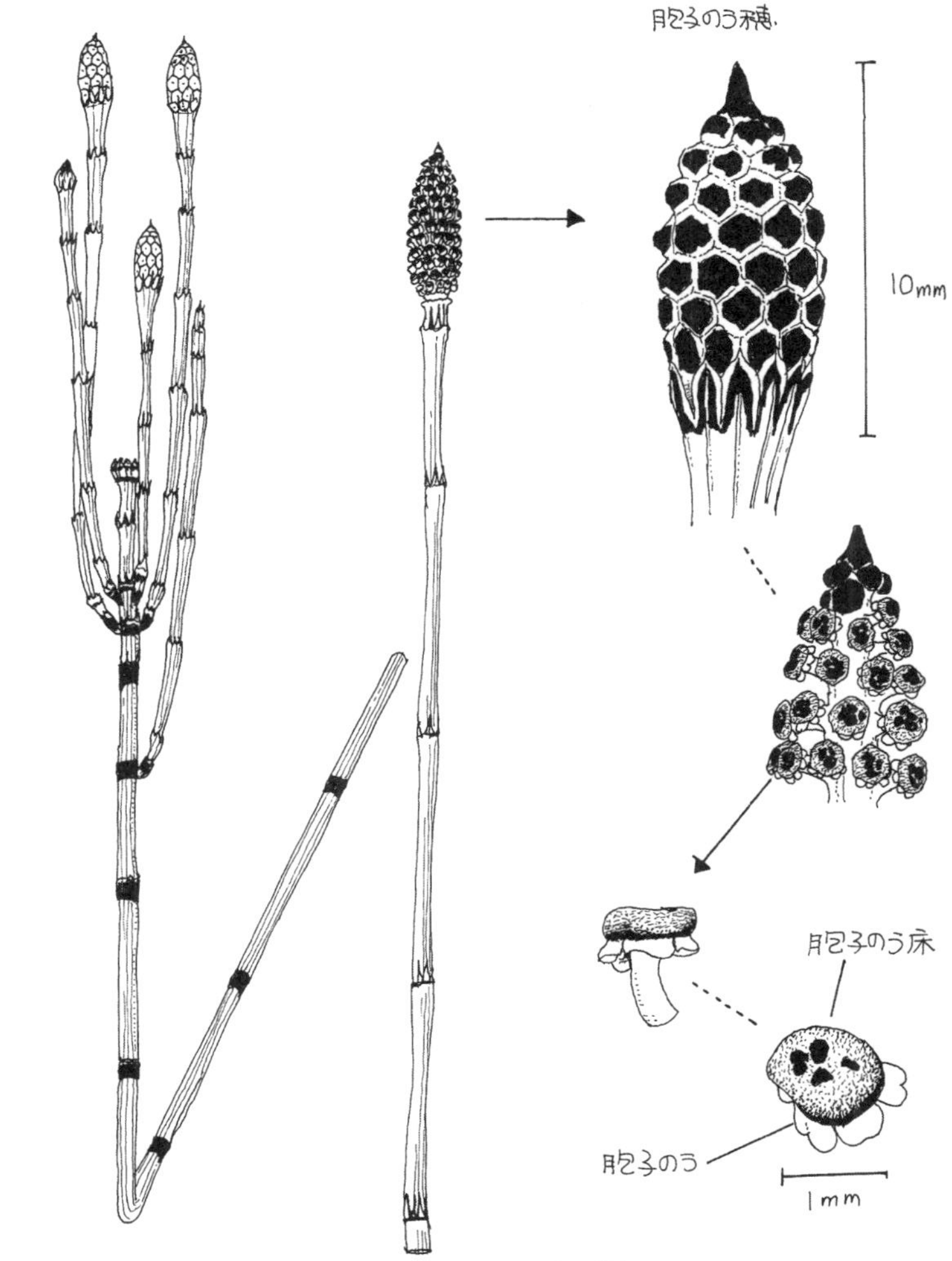

スギナ・トクサ類の一つ。トクサと異り、茎は分岐する。

重層的な歴史の産物

上京したおり、用事があって、渋谷から田園都市線で一駅先に行った池尻大橋にでかける。地下のホームから階段をあがると、そこは都会の真ん中だ。しかし、少し歩くと、そこに復元されたせせらぎが流れていた。そのせせらぎの周囲には、歩道に沿って、草木も植栽されている。緑道と呼ばれるものなのだそう。

緑道に沿って歩いてみると、ちらほらとシダが目につく。湿気が好きなシダにとって、せせらぎがあるのはありがたいことだろう。草木に混じって、結構、たくさんのシダが生えている。

一番目についたのが、イヌケホシダだった。東京沿線、シダ巡りのときは、なかなか目に留まらなかったものだけれども、この緑道周辺には、たくさんのイヌケホシダが生えている。せせらぎのほとりには、ホウライシダも多い。街のシダセットである。

ぽつり、ぽつりとあるのが、オニヤブソテツとイヌワラビ。これは本来、関東地方に普通に見られるシダだ。こうした、イヌケホシダやオニヤブソテツらは、勝手に緑道に生えたシダたちだ。が、緑道にわざわざ植栽されているシダもあった。新芽が食用となるクサソテツと観賞用のタマシダ、それにトクサだ。トクサは、しばしば、観賞用として植栽されるシダである。登下校の際、小学生が、このトクサの茎を引き抜いて遊ぶんだよ…という話を、沿道に暮らす知人が教えてくれた。

中空のトクサの茎には、いくつもの節がある。トクサの茎を節の部分から引き抜き、その後で再び茎を差し込んで、いったいどの節で引き抜いたか見分けるという、単純な遊びに使うのである。同じ

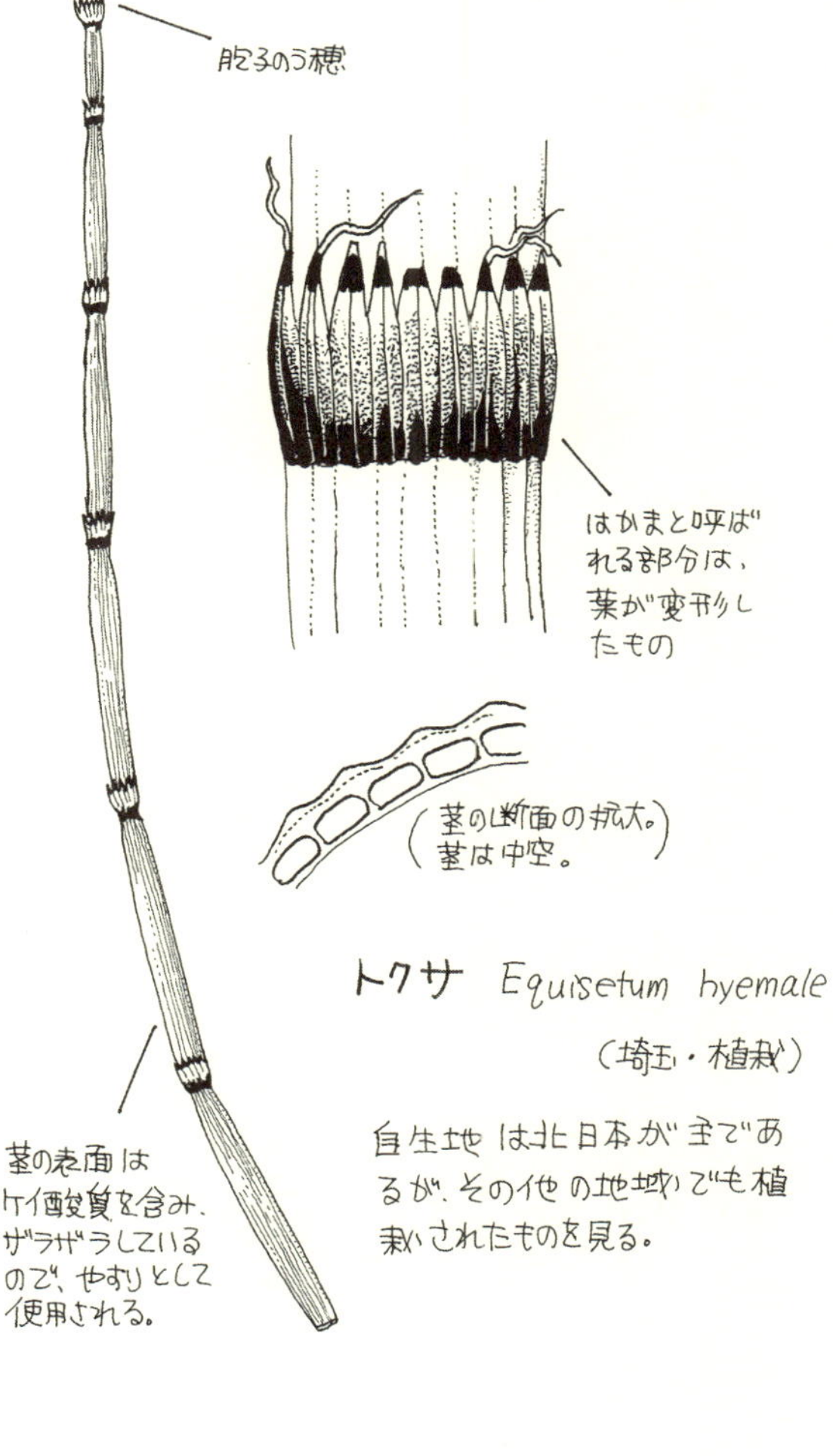
胞子のう穂
はかまと呼ばれる部分は、葉が変形したもの
(茎の断面の拡大。茎は中空。)
トクサ Equisetum hyemale
(埼玉・植栽)
自生地は北日本が主であるが、その他の地域でも植栽されたものを見る。
茎の表面はケイ酸質を含み、ザラザラしているので、やすりとして使用される。

遊び方は、同類のスギナでもできる。はたして、この遊びがスギナやトクサ類が分布しているほかの国にもあるのかどうか、僕はまだ知らない。

スギナ・トクサ類は、古生代の森でゴキブリたちをはぐくみ、中生代には（ひょっとすると）恐竜の糧となったものたちだ。そしてやがて新生代となり、スギナ・トクサは人と会う。その一端が、緑道に植栽されているトクサと、小学生とのかかわりだ。

シダにせよ、何にせよ。

生き物は重層的な歴史の産物として、そこにある。

6章　シダの「扉」をくぐって

羊のなる木

『イギリスのシダの歴史』を読む。シダの利用についてふれた項目がある。

「シダの利用に関しては、長いリストを作り上げることができない。シダの種類や、その大きさに比べ、人間の利用は微々たるものにすぎない。ガチガチの実利主義者なら、自然に対し、〝なぜシダなぞがあるのだ？〟と、問うかもしれない。（中略）しかし、シダは全く利用されないわけではない。いくつかの国の先住民は、生きる糧をシダから得ている」

こんな文章が冒頭にある。

海外で出版されたシダの本は、その国の人々が、どのようにシダを見ていたかが伝わってくるところがおもしろい。

「なぜシダなぞがあるのだ？」というフレーズがでるほど、イギリスでは、シダには利用価値がないと、一般には思われていたことがわかる。また、「いくつかの国の…」という部分からは、イギリスでは、シダをほとんど食用にしていないのだろうことがうかがいしれる。これは、シダを食べるのが「あたりまえ」な僕らが読むと、ちょっと、違和感を覚える部分だ。文明が発達すると、今度は薬用としての利用が始まると、解説文は続く。ヨーロッパでは、日本のクマワラビに近いヨーロッパオシダとワラビ、それにレガリスゼンマイが薬用として使われたと書かれている。またホウライシダの葉の軸も煮出して薬とされたとある。そのほかにシダの若干の利用法が紹介された後、この項目の後半は、まるまる、バロメッツの伝承の紹介にあてられている。それだけの分量があてられているということは、イギリス人にとって、シダの利用といえばバロメッツの伝承こそ、「あたりまえ」の常識であると言えそうだ。

しかし、僕にとっては、バロメッツという単語は、初めて目にするものだった。

「バロメッツは、ダッタン人の羊、スキタイ人の羊とも呼ばれるものである。「旅人」の話として、未開の荒地、ボルガの西の広大な地域には、驚くべき植物があることが伝えられている。それは柔らかい毛で覆われる「羊」だが、その「羊」は高さ三フィートの茎で地面とつながっている。「羊」はへそで、その茎とつながっていて、茎とつながったまま、周囲の草を食べている。が、周囲の草がなくなってしまうと、「羊」も弱ってしまう。

じつはこの「羊」の正体はシダ、それもおそらくタカワラビの根茎である。タカワラビの根茎は、柔らかな毛に覆われ、見かけが動物のようなのである。また、根茎は切ると中が柔らかであり、中身は鮮やかに赤い。そのため、かつての純朴な人々は、スキタイの砂漠に、半獣半草の生き物が存在していると信じていたのだ…」

ざっと、こんな内容が書かれている。一読して、驚く。そう言われてみると、「羊のなる木」に関する伝承には、うっすらと覚えがある。確か、地面から直立する茎の先端に、羊が連なっている絵を目にしたこともあった。しかし、「羊のなる木」がシダとかかわりがあるなどとは、それまで思ってもいないことだった。

「羊のなる木」の正体は、タカワラビというシダであるという。タカワラビは、南方系の大型のシダで、やんばるの森にも生えている。そして、確かにタカワラビの根茎には、つやのある黄土色の毛が密生している。けれど、これが「羊のなる木」と思われていた?

本当だろうか。にわかには、信じがたい思いがする。ためしに図鑑を開いてみて、また驚いてしまった。それまで気に留めたことがなかったのだけれども、タカワラビの学名は、キボティウム バロメッツ(*Cibotium barometz*)であったのだ。しかも、異名にはヒツジシダなる名まで上げられている。『日本の野生植物 シダ』の解説には「中国では根茎を薬用に供し、肝腎に効能があると言われる。漢薬名は金毛狗背。また、毛のフカフカした根茎や葉柄基部は、玩具の材料などに世界の各地で珍重される」とある。

タカワラビは、本当に、羊のなる木と思われていたということだろうか?

羊のなる木の正体

さらに調べてみると…そんなに単純な話ではなかった。

もともとヨーロッパにはバロメッツという半獣半草の伝承があった。『スキタイの子羊』（リーほか、博品社）によると、この伝承は、一三世紀から一七世紀までは普遍的に信じられていた話であったという。この伝承が何に由来するかについては、諸説がある。それとは別途に、タカワラビの根茎を薬にしたり、玩具にしたりする風習が中国にあり、一六九八年、この両者を結びつけるスローン卿による学説の発表があって以来、バロメッツの正体がタカワラビの根茎とされてしまったということなのだ。

調べてみると、明治期の博物学者、南方熊楠の『十二支考　二』（東洋文庫）にも、このバロメッツが出てくる。熊楠はイギリス滞在時代、

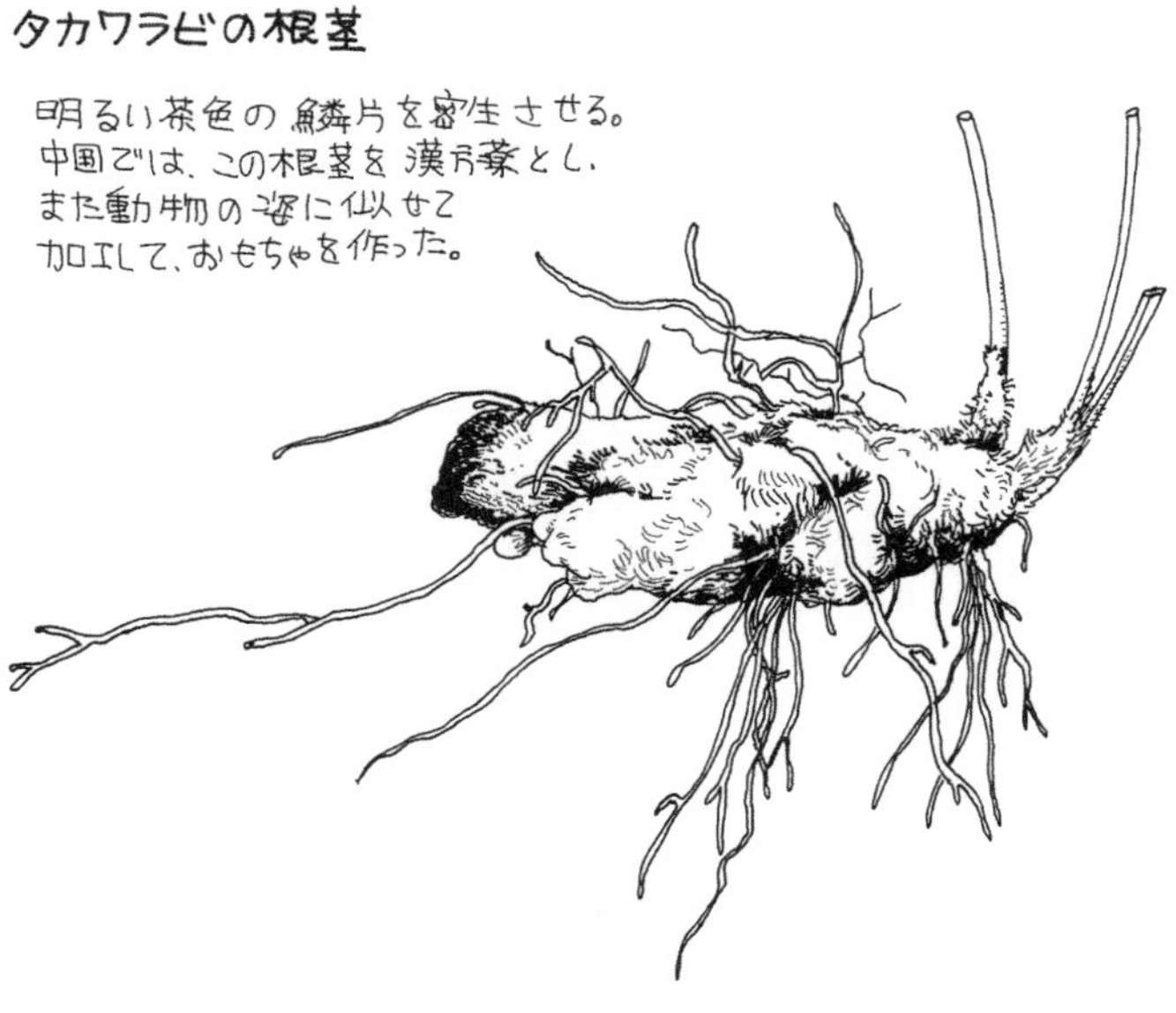
タカワラビの根茎
明るい茶色の鱗片を密生させる。
中国では、この根茎を漢方薬とし、
また動物の姿に似せて
加工して、おもちゃを作った。

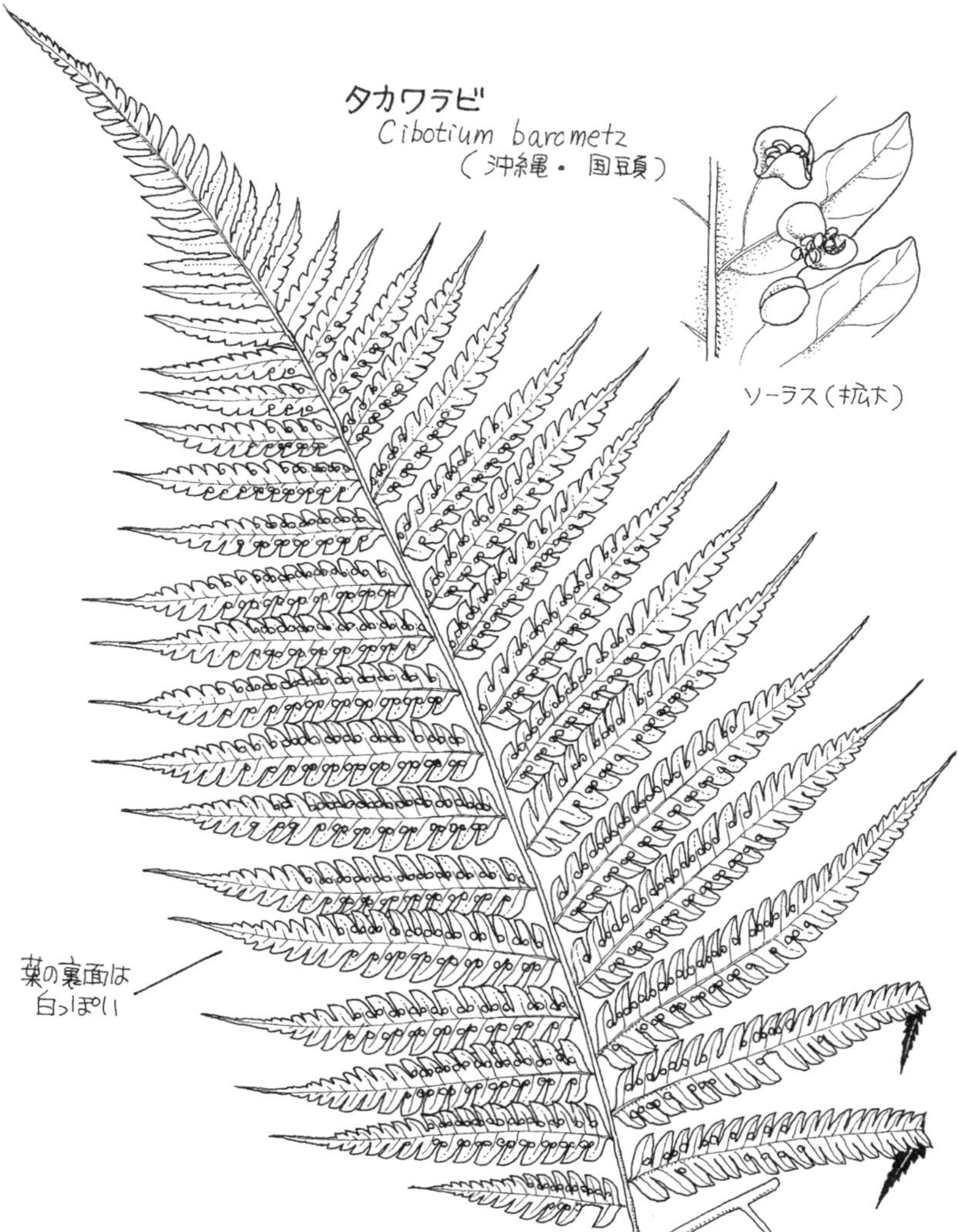
タカワラビ
Cibotium barometz
(沖縄・国頭)
ソーラス(拡大)
葉の裏面は白っぽい
(一つの羽片のスケッチ)
南方系の大型シダ。「羊のなる木」の正体とされたため、学名にバロメッツとつく。

実際にバロメッツとされる標本を実見もしていて、「根茎がいかにも羊の子に見えるように加工してあった」と書いている。

中国の本草書、『本草綱目』は日本でも刊行され、江戸時代には広く読まれたが、この本は英訳され、ヨーロッパにも紹介された。その英訳版、『チャイニーズ マテリア メディカ』(*Chinese material medica*, 1911)は、ネットで見ることができる。

狗背――という項目に、タカワラビの学名があてられ、解説が書かれている。

「この植物は中国全土を含む東アジア、安南、コーチシナ、フィリピン、マレー諸島の島々に広く見られる。中国名は〝イヌの脊椎〟を意味していて、これは根茎の形によっている。黄色の鱗片に覆われたそれは、背骨があらわになった、イヌの死体のようにみえるからである」

こう書かれている。中国ではタカワラビの根茎は羊ではなく、イヌに見立てられていたわけだ。

機上で、何気なく機内誌を手に取ったら、中に「狗背」の写真が載せられていることに気がついて、驚いたことがある。四川省の紹介特集中に、「金毛狗」と銘打たれたタカワラビの根茎を小動物様に加工した漢方薬材の写真が載せられていたのである(ANA『翼の王国』五〇七号二〇一一年九月)。

また、『チャイニーズ マテリア メディカ』には、タカワラビ以外のシダも、混同してこの名が使われることがあるとも書かれている(日本の江戸時代の文献には、ゼンマイを狗背とあらわしているものもある)。続いて、次のような解説が書かれている。

「ヨーロッパ市場に現れる薬は、何か、動物の皮を思わせる金褐色の毛で厚く覆われたシダの葉柄部である。(中略)漢方ではこの薬は脊椎を強くし、抗リューマチ作用があり、肝臓の刺激剤で、腎臓や男性生殖器にも効き、老人の治療薬として用いられている。一般的な強壮作用もあるとされる。ヨーロッパでは葉柄の毛状の鱗片は負傷時の止血用として用いられる。この作用は純粋に物理的なものと思われる」

『チャイニーズ マテリア メディカ』は、単に『本草綱目』の直訳ではなく、ヨーロッパにおける知見も取り入れられている点がおもしろい。これを読むとタカワラビの根茎に生える鱗片を、血止め（血を吸収するガーゼのような役目）として使ったとある。さらに調べてみて、こうした用途のため、ハワイ産のタカワラビ属の木性シダ（ハワイ固有種）の鱗片は、一時ハワイから大量に輸出された歴史もあることを知って、また驚いた。

『ハワイズ ネイティブ プランツ』によると、木生シダの鱗片はプルと呼ばれ、商業的に集められた時代の一八六〇年から五年間で、四〇〇万ポンド（一ポンド＝四五三グラムとすると一八一二トン）も輸出されたとある。

「（シダの）人間の利用は微々たるものにすぎない」と『イギリスのシダの歴史』にはあった。しかし、こうした歴史をみていくと、シダと人とのかかわりは、「微々たるもの」とは言えないのではないだろうかと思えてくる。

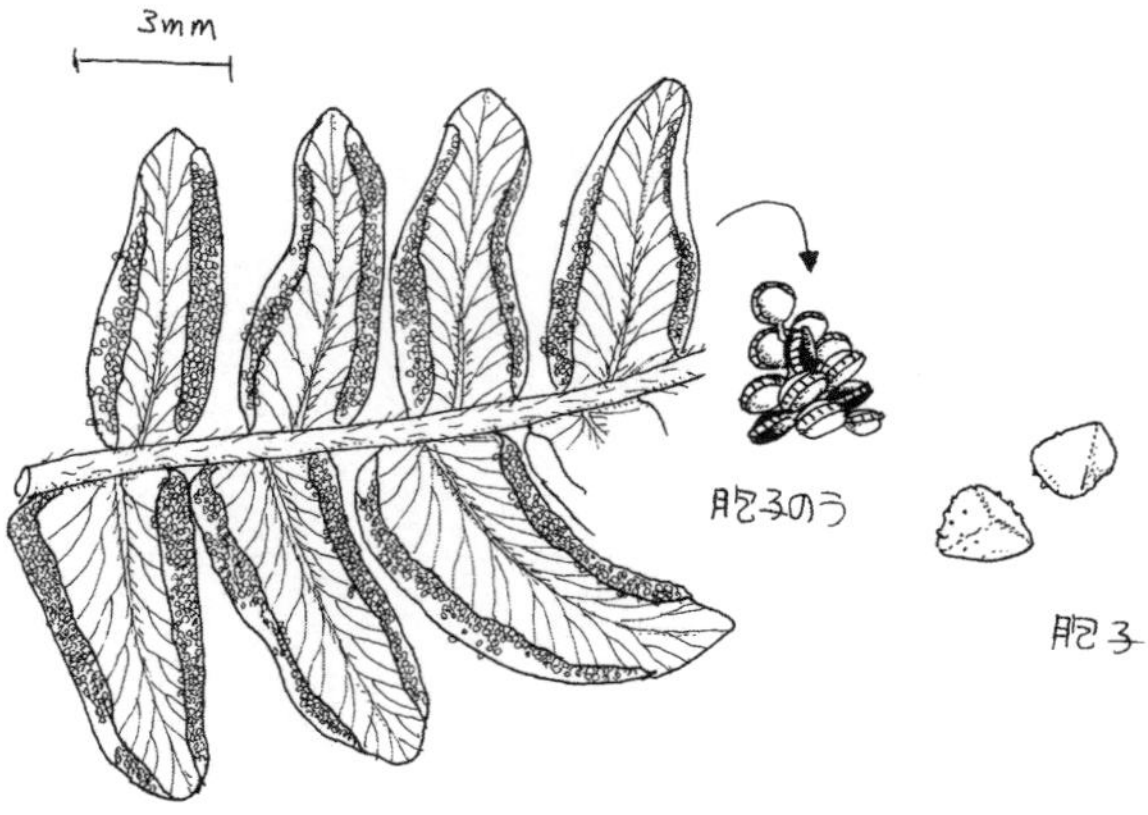

ワラビのソーラス

ワラビのデンプン

生き物にはいくつかの名前がある。その土地土地で呼ばれている名が地方名。日本全土で共通した名が和名。世界全体で共通の名が学名だ。

ワラビの学名はプテリディウム・アキリヌム（*Pteridium aquilinum*）である。ただし、もともとはプテリス・アキリナ（*Pteris aquilina*）と呼ばれていた。プテリスはギリシャ語でシダ、アキリナはラテン語でワシを意味しているという。なぜワラビがワシの名前を持つのか?

ワラビの葉柄を切ると、断面にワシのように見える模様があるから…とイギリスの古い図鑑の記述にある。この模様は、葉柄の中の維管束の配置が生んだものだ。何度かワラビのワシを見ようと、葉柄を切ってみたけれど、うまくワシに見える模様が見えなかった。なぜ、こんな重箱の隅をつつくようなことから、わざわざ名前をつけるのかと半ばあきれてしまう。ところが、『イギリス植物民俗辞典』を見ると、ワラビの葉柄を切るとイエス・キリストの頭文字が見える…といった伝承がいくつか紹介されていた。

イギリスでは、ワラビの葉柄を切って、その模様を何かに例える…というのは、古くからある風習のようなのだ。だから、こんな名前の付け方に違和感を覚えるのは、僕たちが日本人だからなのだろう。

日本で、ワラビと言えば、食べるシダの代表だろう。

早春時期に萌え出す新芽を食用にするのが、一般的だけれど、かつては根茎からデンプンを採って、これも食用にした。

この、ワラビデンプンの採集方法が、『採集 ブナ林の恵み（ものと人間の文化史一〇三）』（赤羽正信、法政大学出版局）に紹介されている。それを簡単にまとめたのが、表6となる。

こうして取り出したデンプンの食べ方の一例が『シリーズ食文化の発見二 食生活の構造』（宮本常一・潮田鉄雄、柴田書店）に紹介されている。長野県乗鞍東山麓の南川村では、大正の初め、養蚕が盛んになるまでは、ワラビ粉は重要な食糧であり、換金食品でもあったとある。ワラビ粉にそば粉を混ぜたり、ヨモギなどを加えて煮て、もちのようにして食べていたという。また、ときにはトチといっしょにもちにすることもあった。このように「大正の初めまでは、この地ではワラビ粉が主要な食べ物であった」

表6　ワラビ粉採りの手順（『採集 ブナ林の恵み』より抜粋）

・池の水にワラビの根茎を入れて泥を取る
・水車小屋の臼でワラビの根茎をつく
・麻袋に入れたワラビの根茎を取り出してザルで濾す
・木綿の袋に入れて、水中でもむ（長方形の箱を使う）
・箱の底にデンプンが沈殿する
・これを 2、3 回繰り返す・たまったデンプンを取り出して干す

と書かれている。

ワラビは、このように、ときに主食の座さえしめるものであった。その名残が、現在もスーパーのお菓子売り場で見られる、ワラビもちなわけだ。

しかし、世界に目を向けてみると、食用としてのワラビの重要度が一番高かった土地は、じつは日本ではなかったことがわかる。ワラビの重要度が一番高かった土地は、ニュージーランドであったのだ。

ニュージーランドのシダ利用

ニュージーランドの先住民、マオリは、ハワイの人々同様、ポリネシア系の人々である。ハワイ人はハワイへの移住とともに、ハワイの島々にサトイモやサツマイモ、ニワトリを持ち込んだ。ニワトリはモアと呼ばれ、その名がマツバランにもつけられた。

ニュージーランドへの移住に際しても、マオリの先祖の人々はサトイモやサツマイモなどの栽培植物を持ち込んだのだが、ニュージーランドは父祖の地に比べ寒冷で、栽培できない栽培植物もあった。また、ニワトリは何らかの理由で持ち込まれず（または、絶えてしまい）、代わりにニュージーランドに生息していた巨大な飛べない鳥に、モアという名が与えられた。マオリの人々が定着するにつれニュージーランドの自然も改変され、やがてモアは人々の狩猟の結果、絶滅してしまう。

僕は、前々から、このモアという鳥に対して、強い興味を持っていた。あるとき、モアについて書かれた本を読んでいたら、モアを狩猟していたニュージーランドの住民が、モアが絶滅後、ワラビのデンプンを食糧源とするようになったというようなことが書かれていて、大変、驚いた。主食が「鳥肉」から「ワラビもち」になるなんて、大転換ではないか。しかし、本当にそんなことがあったのかと、半信半疑の思いも残り続けていた。

ようやく、この疑問について、調べ、きちんと答えを出すことになる。すると、僕のイメージは、かなり単純化してしまっていたものであったことがわかる。マオリの人々が暮らしの糧としたのが、サツマイモなどの持ち込んだ栽培植物のほか、狩猟で得られる鳥や魚のほか、野生のワラビのデンプンだった。モアの絶滅後も、ワラビのデンプンだけを食べていたわけではなかったわけだ。

ニュージーランドのワラビ利用の論文（McGlone, 2005）を読んでみる。

マオリは、ワラビのデンプンだけを食べていたわけではない。が、デンプン源として、栽培植物であるサツマイモがあったのにもかかわらず、ワラビのデンプンは重要な位置を占めていたという。それはちょっと、不思議に思える。いったい、なぜだろうか?

マオリは、ファーン・ルート（ワラビの根茎）を干して利用していた。掘り上げたファーン・ルートは、すぐに風通しのいい日陰に山と積まれ、貯蔵するまで二週間ほど干された。食べる時には、二〇センチほどに折られ、焦げるのを防ぐために一度、水に漬けてから、小さな火であぶられた。そのあと、石で出来た叩き台に移され、木槌でたたかれた。そして柔らかくなった根茎は口に運ばれ、残った繊維の塊は、自分用のバスケットの中に吐き出された…とある（木製のファーン・ルート叩きなる道具もあるそう）。三年物の、上質のファーン・ルートは、その直径が一インチ（二・五四センチ）にもなったとある。デンプンの含量は一〇〇グラム当たり四七・六パーセントもある。

ワラビのデンプンに価値が置かれていたのは、彼らの暮らしに理由があった。彼らは狩猟のためもあって、テリトリーの中を季節的に移動する暮らしをしていた。そんな暮らしにあって、干したファーン・ルートは、保存も容易で、また軽く、持ち運びにも便利だった。そのため、サツマイモの栽培と同時に、ファーン・ルートの利用は続いていたのだ。「ファーン・ルートは小麦粉が一般に出回る一九世紀中ごろまで、マオリの旅人に利用されつづけた」とある。

マオリの先祖の地、東ポリネシアには、ワラビは生育していない。しかし、そんな土地から移住してきたマオリが、ワラビデンプンを利用するようになった背景には、父祖の地で、非常食としてほかのシダを利用してきた歴史があったからではないかと、論文にはある。だから、ニュージーランドに到達してほどなくして、彼らはワラビの利用を見つけ出せたのではないか…と。

このことに関連した話として、ニュージーランドでのワラビの名、アルへの語源についても触れられている。

東ポリネシアではコシダを、アヌへと呼ぶ地域がいくつかあるのだという。コシダの根茎からデンプンを採ることはないのだけれど、明るい場所を好み、たとえば火入れをすると、一面に繁茂するという性質は両種で似ているから、コシダとワラビで、同じような名がついたのかもしれない…と、論文では指摘されている。

ハワイに行ったとき、コシダを見た。ハワイ島のキラウェア山周辺でオヒア林床を覆っていたものだ。そのハワイでの、コシダの呼び名は、ウルへと、アルへやアヌへと似た名である。これからすると、やはりニュージーランドのワラビ名は、ポリネシアの人々が、ニュージーランドやハワイへ拡散する以前の、コシダの呼び名からの転用であった可能性が高いように思う。

生き物は歴史を背負うものである。人もまた生き物であり、だから歴史を背負っている。マオリのワラビ利用には、人々がニュージーランドに到達する以前からの歴史が見え隠れする。

クリスマスの「木」

あちこちの土地のシダ利用についてみてきた。シダと人とのかかわりは、じつにさまざまであり、時には主食の座を担うほどのものであったことが見えてくる。ここまで紹介した例以外にも、たとえばニューギニアの内陸部では、オオタニワタリの仲間を燃やして、その灰を塩として料理に使うという利用法が知られている（http://www.anbg.gov.au/fern/ferns-man-ng.html）。

シダにすら、それほどのかかわりを人は見出してきた。

シダの利用は、人が自然にむけるまなざしの象徴なのだ。シダの利用から見えてくるのは、かつての人々が、シダに限らず、自然と深い関係性をもって暮らしてきたということである。

こうしたことを見ていくうちに、僕たち自身のまなざしを問い直したいという思いが湧き起る。自分たち自身のまなざしを問うことを意識したとき、初めて気になることがあった。

それが、クリスマス・ツリーだ。

なぜ、クリスマス・ツリーだったのかと言えば、たまたまクリスマスの時期を迎えたときのことだったからというのが、一番の理由だ。それでも、クリスマスなんて、僕の人生の中で、何度も何度も迎えたことのある「一つの年中行事」にすぎない。クリスマスには、クリスマス・ツリーがあるのは「あたりまえ」で、それを特別に意識したことなどなかった。その「あたりまえ」を、初めて問い直してみたくなったのである。

「わからないことがあったら、生徒の中に降りていくこと」

父の言葉を、また思い出す。クリスマス・ツリーについても、まず、学生たちの話を聞いてみることから始めよう。僕の大学の沖縄出身の学生たちは、七草なんか見たことがないと言っていた。彼ら・彼女らにとっては、ツクシだって、ワラビだって、謎の植物だった。そうであるなら、同様にクリスマス・ツリーに使われるモミの木も、沖縄には生育してはいない。となると、クリスマス・ツリーもまた、じつは正体不明のものであるということにはならないだろうか？

「クリスマス・ツリーに使う木って、知っている？」

学生を捕まえて、聞いてみる。

「モミの木？　でも、どれがモミの木なのかわからない」

「クリスマス・ツリー？　おもちゃ屋で売っている、組み立て式のやつしか見たことがない」

やっぱり。学生たちは、クリスマス・ツリーに使うモミの木は、「見たことがない」ものなのだ。

しかし、僕は、単にモミの木を見たことがあるかどうかを、学生たちに問いたいわけではないことに、このとき気がついた。クリスマス・ツリーがどういうものなのかを、知っているかということを問いたかったのだ。クリスマス・ツリーがどういうものなのかを知らなくても、クリスマスという「行事」を行うことに、違和感を持たないのかを問いたくなったのだ。が、そう思ったとき、その問いは、自分自身に跳ね返されてきた。僕自身、クリスマス・ツリーの由来について、きちんとした知識がないことを、自覚したのである。僕もまた、クリスマス・ツリーを本当は「知らない」一人であったのだ。

クリスマス・ツリーのことを調べてみようと思う。

考えてみると、不思議なことがある。そもそもキリスト教が生まれたのは、現在のパレスチナやイスラエル周辺だ。テレビの映像を見る限り、乾燥地帯のようである。そんなところに、モミの木は生えていそうもない。はたして、いつ、どこでクリスマス・ツリーは誕生したのだろう？

湯浅浩史さんの『植物と行事』を手に取る。この本の中に、クリスマスと植物のかかわりについて、触れられている。クリスマス・ツリーの源流には、ゲルマン人の樹木崇拝がある…と書かれている。ゲルマン人は、キリスト教に教化される以前、冬になると聖なるヨーロッパモミを飾る風習があったのだそう。

「一説には、一六世紀に宗教改革を行ったマルチン・ルターが、ろうそくを木に灯して星の輝く天を表そうとしたことに由来するとされるが、確かなクリスマス・ツリーの記録は一六〇五年に、当時ドイツ領だったアルザスのシュレットシュタットの街で人々が部屋の中にヨーロッパモミを立て、ビスケットやリンゴをつるしたのが最初である」と書かれている。

イギリスでは、一九世紀になってから、この風習が広まったと言うので、世界的に見るとクリスマス・ツリーがポピュラーとなったのは、そう古い話ではない。

クリスマスとかかわりが深い植物として、この本ではほかにセイヨウヒイラギとヤドリギが紹介されている。セイヨウヒイラギは、クリスマスケーキやリースに飾られている、赤い実とトゲトゲの葉をもった木のことだ（プラスチック製のものが多いが）。このセイヨウヒイラギやヤドリギもまた、キリスト教以前の古い宗教であるドルイド教に端を発していると、湯浅さんは書いている。

「ヨーロッパ中北部の冬は厳しく、針葉樹を除けば冬のあいだも緑を保つ木は数えるほどしかない」『植物と行事』には、そう書かれている。そのため冬も緑の葉を持つ常緑の植物には、特別な力があると考えられた。それがセイヨウヒイラギやヤドリギである。夏のあいだ、精力を保っていた太陽は、冬になると力を失う。その最たるときが、ちょうどクリスマスごろの冬至である。この日を境に、再び太陽は力をましていく。冬至は死と再生の転換期であり、その時期も緑の植物には、死と再生をつかさどる力があると考えられた。そうした信仰が、あらたに迎え入れられたキリスト教に取り込まれ、現代のクリスマスにまで伝わっているということなのだ。

こうした古い伝承がかすかに残るさまは、ウラジロの葉を正月に飾る理由と、どこか似ているように思えてしまう。

花咲くシダ

クリスマスにかかわりの深い植物の一つに、ヤドリギがあると『植物と行事』

の中では紹介されている。

またヤドリギは、キリスト教以前のドルイド教においては、死と再生を象徴する、聖なる植物だった。ヤドリギは金枝とも呼ばれた。なぜかというと、ヤドリギの枝を切り、数か月とっておくと、全体が、金色がかった黄色になるからだと、フレイザーの『金枝篇』（岩波文庫）にある。ヤドリギの枝は、その色から黄金に結びつくとも考えられた。なんだか連想ゲームのように思えてしまうが、当時は、こうした似たものが引き合うという考えは大真面目に信じられていた（共感呪術の原理）。つまり、ヤドリギは宝をもたらすと考えられていたわけだ。

同じような「連想」が、シダについても働いた。

「夏至の前夜、黄金のように、あるいは火のように花を開くと信じられているところの、ある神秘的なシダの種」があると考えられていたと、フレイザーは紹介している。この「シダの種」が金色をしているため、やはり宝をもたらすものと考えられていたのだ。ロシアでは夏至の前夜の真夜中、このシダの花をとり、空へ放ると、宝の隠れ場へ落ちると言われていた。またブルターニュでは夏至の前夜の真夜中、シダの種を集め、ある特定の日に宝探しに使うという伝承があった。チロル地方では、シダの種と銭をいっしょに入れておくと、銭がなくならないと言われていたとある。

クリスマス・ツリーもまた、どこかでシダとは無縁ではなかった。

では、この「花が咲き、種をつけるシダ」とはなんだろう？　もちろん、シダは「花が咲かず、種をつけない」ものであるのだけれども。

日本でおなじみのゼンマイは、ヨーロッパには産しない。しかし、ヨーロッパには、近縁のレガリスゼンマイが分布している。シダには胞子をつける葉（胞子葉）と、つけない葉（栄養葉）がある。この両者が同じ形をしているシダもあれば、まったく違った形をしているシダもある。ゼンマイは後者で、胞子葉には、びっしりと胞子のうだけがついていて、光合成をする普通の羽片はついていない。両者は新芽のときから見分けがつき、胞子葉の新芽は食べることがない。

レガリスゼンマイの場合、胞子葉も、下部には光合成をする普通の羽片がつき、上部の羽片だけゼンマイの胞子葉のような姿となっている（普通のゼンマイも、ときとして、こんな胞子葉をつけることがある）。このレガリスゼンマイの英名は、一般にはロイヤル・ファーン（姿が立派だからだそう）なのだけれど、フラワリング・ファーンと呼ばれると書いている本もある。フラワリング・ファーン——花咲シダだ。

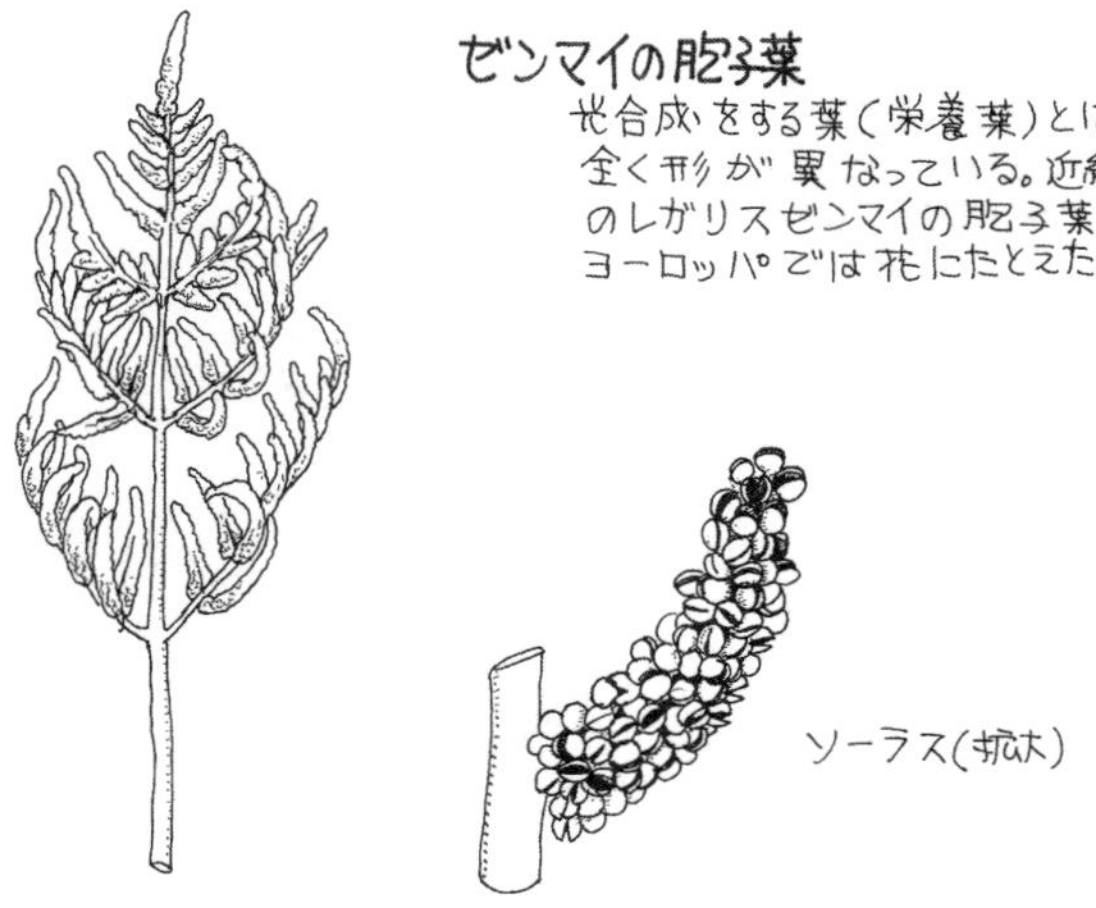
ゼンマイの胞子葉
光合成をする葉（栄養葉）とは、全く形が異なっている。近縁のレガリスゼンマイの胞子葉を、ヨーロッパでは花にたとえた。
ソーラス（拡大）

宝をもたらすと信じられていたシダは、ゼンマイの親戚である、レガリスゼンマイでありそうだ。『イギリス植物民俗辞典』を見ると、レガリスゼンマイの項に、「六月になると夜に花を咲かせるが、不思議なことに、夜明けが近づくとこの花は姿を消してしまうと言われている。しかしそのあとに種が残るので、花が咲いていてことがわかる」という話が紹介されている。思うに、シダが胞子で増えることを知らなかった昔の人々にとって、花が咲かないのに、いつのまにか胞子葉から種のような胞子が生み出されるのが不思議で、こんな伝承を生み出したのだろう。ただ、かならずしも「種をつけるシダ」がレガリスゼンマイに特定されていたわけではないらしい。

同書のワラビの項にも、「このシダはある日の晩だけ〝種子〟をつけることがあり、これを採った人は、その姿を見えなくすることができる」という、先のフレイザーの伝承と関連していると思われる伝承を紹介している。

クリスマスはキリスト教にかかわる行事なわけだけれど、その中に、キリスト教以前の宗教的自然観が垣間見られる。クリスマス・ツリーはそうした歴史の上に重ねて、一六〜一七世紀以降に付け加わった習慣だ。

クリスマス・ツリーについて学生たちの認識を聞き集めているうち、驚くような答えを発した学生がいた。

「えっ、クリスマス・ツリーって、本物の木なの?」

ある学生は、こう言ったのだ。

沖縄は戦後、アメリカの統治下にあった。そのため、クリスマス時期になると、あちこちでクリスマス・ツリーを見かける。しかし、モミの木が周囲にないからなのか、アメリカ的な合理主義のせいなのか、中にはただの金属ポールから放射状に電飾をはりめぐらした「ツリー」もしばしばみかける。いや、この発言をした学生からしたら、それこそが、なじみのクリスマス・ツリーなわけであろう。クリスマスの習慣の中には、さまざまな歴史の産物がモザイク構造をなしている。前章でみた、生きている化石の定義を思い出す。

クリスマスの重層的な歴史に思いをはせたとき、クリスマス・ツリーは、クリスマスという行事の底層にある古い宗教的自然観の象徴だ。それはクリスマスという行事の中の生きている化石なのだ。しかし、クリスマス・ツリーが金属ポールに置き換わってしまうとき。僕たちは、物事が重層的な歴史の産物であることに、思いをはせることができなくなってしまう。

かつて、イギリスの人々は、はるかボルガの荒野に羊のなる木が生えていると夢想した。今、僕たちは、あらたな荒野を前にしている。その荒野には、金属ポールのクリスマス・ツリーがそびえている。

繰り返される問い

学校というのは、生徒・学生たちが入れ替わる場である。

ミーナは、「剥いていいのはバナナまで」というやりとりをした、僕にとって、初めてのゼミ生の一人だった。大学構内のシダ探検をしたときも、ヤエヤマオオタニワタリの新芽のおひたしに、なかなか手をだせずにいた学生だった。しかし、彼女は、卒業研究のテーマに身近な雑草の調査を選んだ。大学校内の雑草を調べるために生まれて初めて押し葉を作り、そして、発表会の当日には、ヤエヤマオオタニワタリの新芽をゆでて、おっかなびっくり顔の後輩たちに食べさせるまでになった。

彼女たちはやがて、卒業をしていった。

新たに僕のゼミに入ったゼミ生を連れて、フィールドワークに出かけることになった。出かけた先は、那覇・泊港から船で一時間ちょっとの渡嘉敷島だ。潮の引いた海岸での、生き物観察が主目的だったのだけれど、潮が引くまでに間があった。そこで島の森を散策してみる。つい、林道の脇に生えているシダに目がいってしまう。船で一時間ちょっとしか離れていないのに、那覇周辺とは生えているシダが違っているのがおもしろい。

ワラビは石灰岩地帯が好きではないため、那覇など、沖縄島の中南部では、ワラビを見ない。しかし、渡嘉敷島は石灰岩地ではないので、林道脇にワラビが生えている。

「これ、何だかわかる?」

ワラビを指して、ゼミ生に聞いてみる。

「…? シダ?」

ワラビの名前は出てこない。それでも、シダという名前がでてきたから、よしとしよう。

「これは、ワラビだよ」

「えっ、ワラビって、動物じゃなかったけ?」

がっくり。それは、カンガルーの仲間のワラビーでしょう…と、つっこみを入れたくなる。新たな学生たちとは、また、一からの繰り返しだ。

「ワラビって、ワラビもち?」

こんな声もあがる。沖縄では、ワラビ＝山菜というイメージは、やっぱりない。繰り返しのやりとりとはいうものの、言い方を変えれば、そのことを再確認できたとも言える。

林道わきに、水が染み出ているところがあった。そこにテツホシダが生えていた。湿地の好きなこのシダは、南大東島の池のほとりに多産したし、ハワイの湿地でも見られるという。しかし、渡嘉敷島でテツホシダが生えていたのは、林道脇の、とても湿地とは呼べないようなわずかな水辺だ。よくもこんな場所を探し出して生えるものだと感心してしまう。見ると、新芽も芽吹いていた。そこでスケッチ用にと、一本、折り取った。

「何をしているの?」とゼミ生に聞かれる。これはテツホシダというシダの新芽だけど、ワラビやゼンマイの新芽は山菜として食べるんだよと話をした。

「それって、普通にあるの? ああ、この前、ゼミで食べたよね」

ホノカが言う。

ホノカの言うように、先日、ゼミでコゴミ（クサソテツの新芽）をゆでて食べさせてみた。たまたま上京した折に、売られているのが目にはいったからだ。

「あのとき食べたのは、クサソテツというシダの新芽だよ。これはテツホシダという別のシダの新芽。シダの新芽はね、何でも食べられるというわけじゃなくてね、むしろ食べられるもののほうが少ないんだよ。このテツホシダも食べられないんだ」

僕はホノカに対して、そんな説明をした。すると、ホノカは、「ああ、そう。じゃあ、恐いから、シダは食べないほうがいいや」と、あっさり言った。

この一言に、ハッとする。

人々は、食べられないものが多いシダの中から、食べられるシダを見分け、食べられるように加工する文化を生み出し、歴史の中で伝えてきた。し

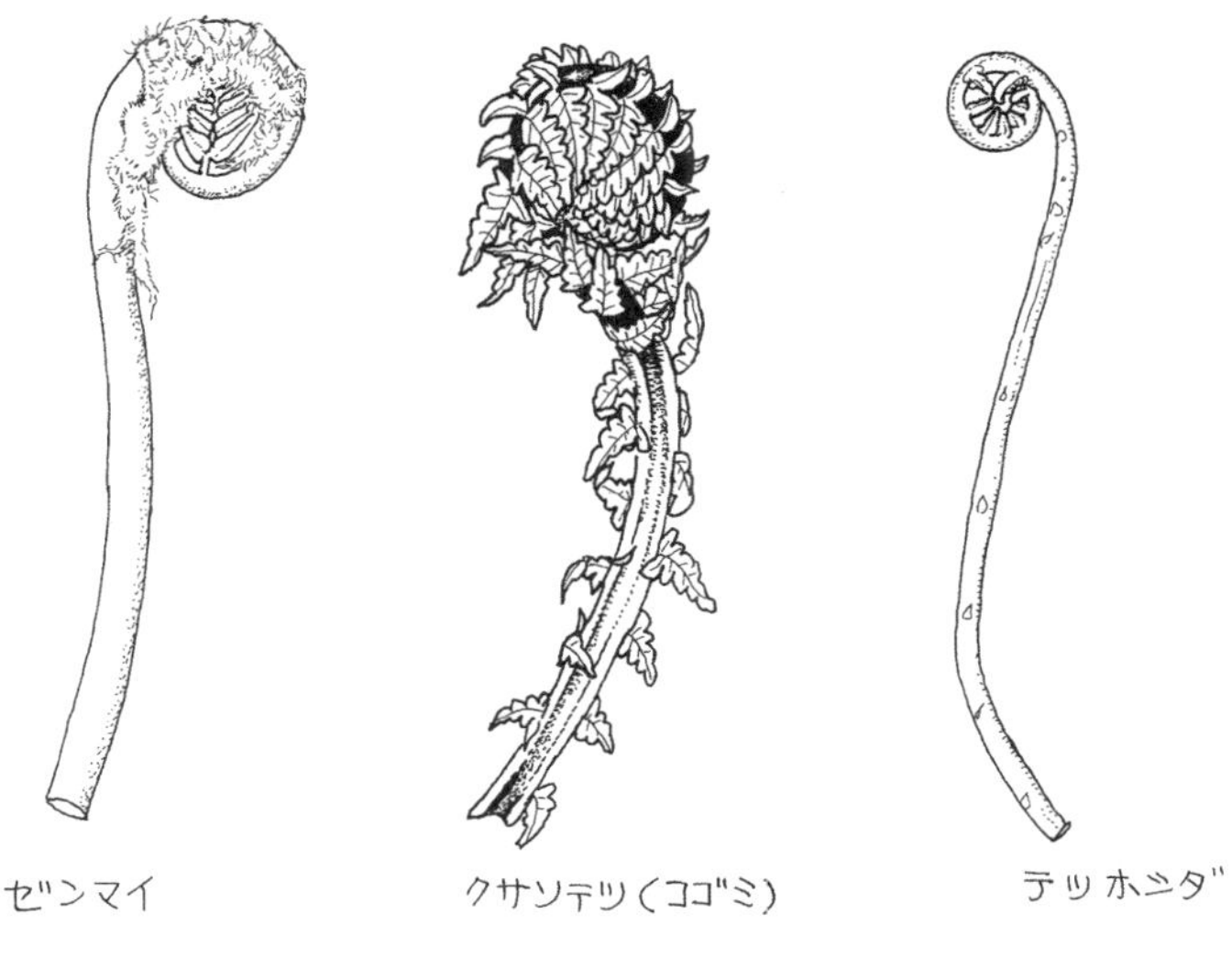

かし、僕たちは豊かになった。食べられるシダをわざわざ見分ける必要もないほどに。

「なんで、自然のことなんて、知る必要があるの?」

その問いが、繰り返し、僕を問う。

知ることができる存在としての僕ら

実家に戻ったとき、シダの絵を描いていた僕を覗き込んで、亡くなる前の父が言ったことがある。

「何を思って描いている?」

「…?」

「時間? 暮らし?」

えっ? と思った。

「生き物には、かならず〝れきし〟と〝くらし〟がある」――それは、僕が学生たちに、よく言うフレーズだ。だから、その言葉は、自分の見出した言葉だと思いこんでいた。でもどうやら違うらしい。僕はいつだかわからないが、そんな言葉を父から受け継いでいたのだ。

しばらくして、父が再びやってきて絵を覗き込む。「ジュウモンジシダだね」と。こんな名前がさらりとでてくる父に、また驚かされる。父は理科教師といっても、化学屋であるはずだから。

その晩、父が問わず語りで、自分が理科教師になったきっかけを話し始めた。

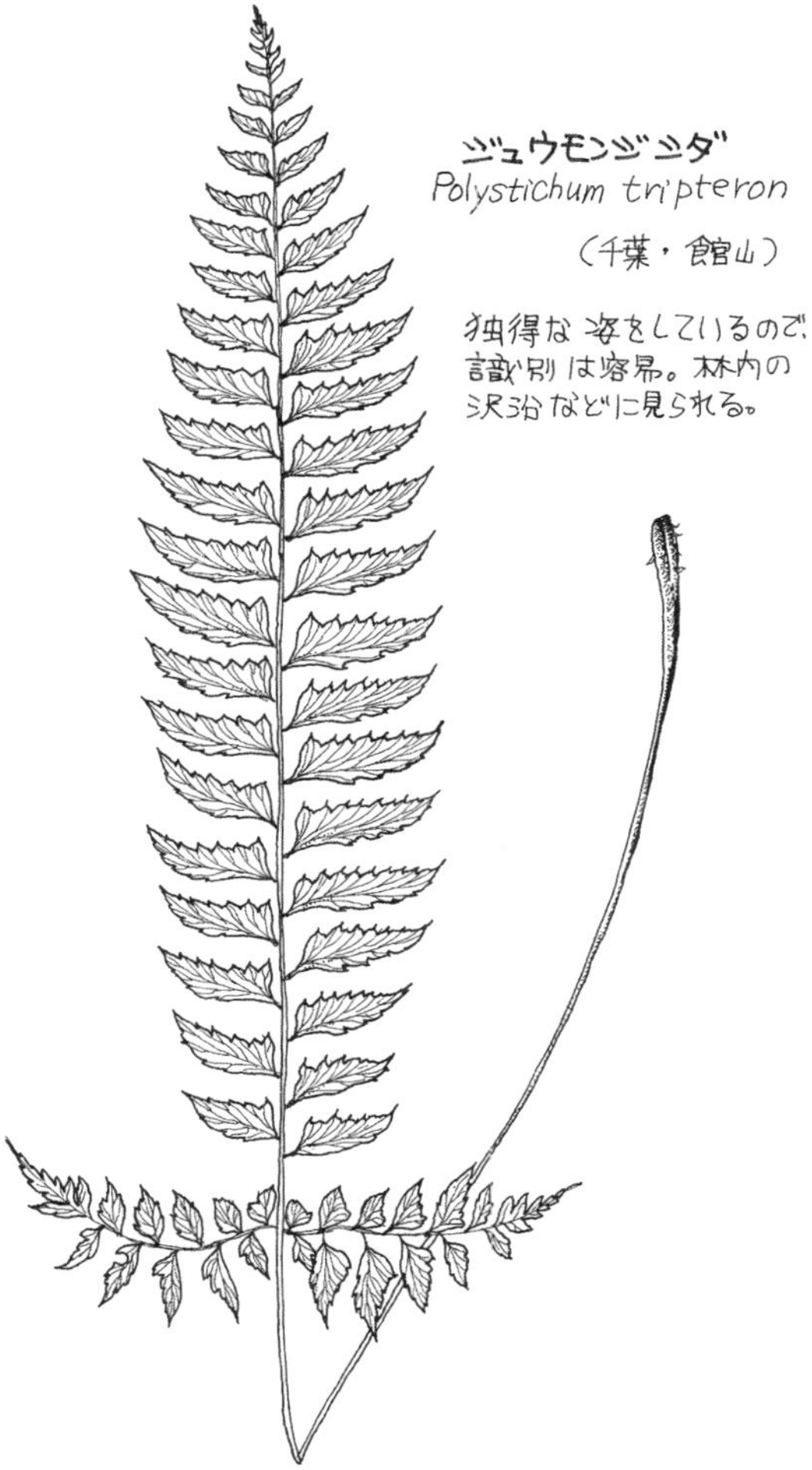
ジュウモンジシダ
Polystichum tripteron
（千葉・館山）
独得な姿をしているので、
識別は容易。林内の
沢沿などに見られる。

京都生まれの父は小学校時代、一時、満州で暮らしていたことがあると言った。見知らぬ植物ばかりが生える、初めての土地。その地で少年は植物を気にするようになった。やがて父一家は東京に転居する。中学生時代のことだ。父の住居は目黒にあったのだが、その目黒の大岡山付近で出会った植物が、父を理科教師への道へと導いた。

「中学一年のころ、コウヤワラビを見つけたのがきっかけ。おもしろいシダだと思ったんだ。あのころは目黒といってもまだ畑や沼があってね。そんな水辺に生えていたよ。川べりの土手の粘土の中には貝の化石も入っていて、そんな環境が理科好きにしたんだよ」

やがて父は植物を求めて、友人たちと遠征を始める。戦争中のことで交通規制があったが、なんとか秩父まではいけたのだという。そこで父は登山への興味も持つようになった。本当は、熱帯のジャングルに植物探検に行くのが夢だったのだと父は言った。

ところが、戦争が終わると、海外渡航は夢となった。せめて行けるぎりぎりのところ…という理由から、父は北海道の定時制高校の教員となる。

「妹背牛というところだったんだけど、近くに高層湿原*があってね。そこ、ワラビがむちゃくちゃ生えるから、トラックで乗り込んで、ワラビを刈るようなところだったよ。山に行けないときは、そこに行って遊んだね」

ところが、その高校が農業高校だった。生徒はみな、馬や牛を扱え、耕運機も運転できる。ところが父を前に馬は逃げ、父が手に取ると耕運機は曲がりだす。「だから、いやおうなしに、生徒の知らないこと…肥料を勉強することになったのさ」と父は笑った。その肥料の勉強が、やがて父の専門を

＊高層湿原：低温かつ湿度の高い場所にできる貧栄養状態の湿原。泥炭化した堆積物が盛り上がった地形をつくる。尾瀬ヶ原、霧ヶ峰など。

(胞子葉)
コウヤワラビ
Onoclea sensibilis
(埼玉・飯能)
休耕田などの湿地を
好む。冬は枯れてしまう。

化学にと変えた…。

父の自然への興味のきっかけがコウヤワラビというシダだったことを、この日初めて僕は知った。父もまた、シダの「扉」をくぐりぬけた一人だったのだ。

自然への「扉」はあまたある。シダの「扉」をくぐる人もいれば、くぐらない人もいる。はたまたシダの「扉」を押し開けても、生き物の世界に行きつくとは限らない。人生には、いやおうなしなことがあるものだから。

それから一年。

末期がんに侵されていた父は、静かに息を引き取った。

父が亡くなったことに実感を持てぬまま葬儀をすませ、残された母のために、沖縄と千葉の実家を往復する日々が続いた。父が亡くなって数か月後。ようやく、父がいないことが「あたりまえ」となってくる。そんな中、思い立って、冬枯れの埼玉の里山にシダを訪ねることにした。お目当ては、休耕田周辺に見られるコウヤワラビだ。父の話を聞いた日から、コウヤワラビは、僕にとって、特別なシダとなった。当たりをつけた場所に赴くと、父を理科の世界へいざなったコウヤワラビは、冬の眠りについていていて、わずかに枯れた胞子葉だけが点々と枯野に突き立っていた。

「死んだら、原子・分子に戻るだけ」

ふだんからそう言っていた父だから、さっさと原子・分子となって、ほかの生き物やらなんやらの構成物となっているのだろうと、ふと、思う。

それでも、思う。僕もまたモザイクであるのだ。僕の中の生き物への興味の一部は、父から受け継いだ、僕の中の生きている化石。それこそが、僕の父が生きていた一つの証。

僕たちは今もなお、こうして歴史をうけつぐ生き物である。

「なんで自然のことなんて、知る必要があるの?」

生徒や学生たちは、繰り返し、僕にそう問う。

「必要かどうか」と言えば、「必要ではない」という答えもありうるのかもしれない。しかし、本当に「必要ではない」と言い切ることもまた、できない。

それよりも、僕らは、重層的な歴史の産物である自然を「知ることができる存在」なのだ。さらには、「伝えることもできる存在」なのだ。

シダの「扉」を開け、中に入り、その答えを探し続けきた僕は、今、そんなふうに思う。

だから、繰り返し、繰り返し、生き物と人との歴史を語っていきたいと。

僕たちの前に広がる「荒野」を乗り越えるために、それが必要なことなのだと。

エピローグ

奈良県川上村。この村にある、小さな博物館、森と水の源流館を、イベントの講師として訪れる。イベントが終わって、館長さんと話す時間がある。館長さんは若いころからずっと林業に携わってきて、七〇歳を超えていると言った。しかし、とてもそう思えないほど、若々しい。

「若いころは、昼の弁当に五合の飯をつめたもん」と、笑いながら館長さんが昔語りをする。「一食、五合を食べないと、一〇〇キロの荷は担げんから」と。

「これは食べられる、これは毒と、子どものときに、自然にみんな覚えた。食糧のない時代だから。勉強よりも食べることだ。遊びの中でも、食糧になるものを探してな。アケビもサルナシもあるけど、これ食べるには、木に登れんとあかん。みんないやおうなしに、木登りがうまくなる。夏は魚捕り。それがタンパク源だから。冬は罠がけ。ノウサギ、ヤマドリ、キジ…。大きな声では言えんが、シカもな。その頃は、海の魚は手に入らんかった」

かつて、人々の自然体験はいやおうなしなものとしてあった。

「ヒカゲノカズラで陣地を作って、体にも巻いて戦争ごっこ。チャンバラをするなら、刀はコシアブラの枝で作って。遊び道具も自分らで見つけて、作った。楽しかったんか、苦しかったんか…」

だからと、続けて言った。

「そのころは、自然との共生なんか、なかった。略奪や。ワラビとか、ほんのちょっと顔だしたら、もう次にはあらへんねん。みんながそうやった」

それでも、その頃は今よりも自然が残されていたと思うのは、なぜだろうか。

「ヒキガエルはアシがうまかった。クサギの木の中に入っているイモムシは、脂っけがあって、これもうまかった。網の上で焼くと、脂、ジュウジュウ落ちてな。ハチの子はスズメバチとジバチ、両方食べたことがありますな…」

館長さんの昔語りは、途切れることがなかった。そんな館長さんに、正月に飾る植物はなんですか？と、聞いてみた。

サカキとユズリハを飾るという返事だった。ウラジロは？　と、重ねて聞く。

「ウラジロは自分で採りに行くもんです。祝い事のタイの下とかにも、ひいとったなぁ。今、ウラジロ、売ってたりしますやろ。あれ見て、ウラジロなんか、金出して買うんやって、驚いたことありますわ」

山菜はどうですか？　と、さらに聞く。

「山菜やと、ワラビは重要。あと、ゼンマイ。その次はイタドリ。ワラビは、ぬくい雨降りの日、見る間に大きくなる。おもろいで。子どもの時分、土割って、ワラビが出てくるとこ、じっと見とったら、おもろかったで。子どもらが輪になって、地面見とるんや。あっ、伸びたって…」

ああ、と思った。

僕たちは豊かになった。そして、何かを見失った。

僕たちが見失ったもの。それは何より、自然と向き合う時間。

まず、自分から。そんな時間を取り戻してみようか。

僕たちは自然から生まれ、今、街の中で暮らそうとも、なおも本質的にはその中にいるものだから。

新聞を広げる。

中から細かく切れ込んだシダの押し葉が出てくる。

押し葉を白い紙の上に置き、そのわきに画用紙を置く。一息ついてから、シダを見つめ、まっさらな画用紙に、シダの姿を映し取ってゆく。

少しずつ、少しずつ。

参考文献

本文中に出典の詳細が明記されていないものを、
参考として以下にあげる。

【単行本】

聞き書き・島の生活誌シリーズ、ボーダーインク刊

①ソテツは恩人 奄美のくらし、盛口 満・安渓貴子編、2009

②野山がコンビニ 沖縄島のくらし、当山昌直・安渓遊地編、2009

③田んぼの恵み 八重山のくらし、安渓遊地・盛口 満編、2010

⑤うたいつぐ記憶 石垣島・沖縄島のくらし、安渓貴子・盛口 満編、2011

⑦木にならう 種子・屋久・奄美のくらし、三輪大介・盛口 満編、2011

Bohm, B.A., 2004, *Hawai'i's Native Plants*

Stone, C.P. and Pratt, L.W., 1994, *Hawai'i's Plants and Animals*

Valier, K., 1995, *Ferns of Hawai'i*

【論文】

木村達明、1994、生き残った化石植物 —“生きている化石植物”、化石：56

瀬戸口烈司、2001、脊椎動物の食性 —古生物の科学3 古生物の生活史、朝倉書店

西田治文、2004、植物化石が語る進化 —マクロ進化と全生物の系統分類、岩波書店

千葉 聡、1994、“生きている化石”とは何か、科学：64（8）

Anderson, M.L., 1921, Lygodium japonicum in South Carolina, *American Fern Journal*: 11

Hummel, J. *et al.*, 2008, In vitro digestibility of fern and gymnosperm foliage : implications for sauropod feeding ecology and diet selection, *Proceedings of the Royal Society B* : 275

Keeler, K.H., 1985, Extrafloral nectaries on plants in communities without ants: Hawaii, *OIKOS* : 44

McGlone, M.S. *et al.*, 2005, An ecological and historical review of braken (Pteridium esculentum) in New Zealand, and its cultural significance, *New Zealand Jounal of Ecology*: 29 (2)

Pemberton, R.W., 1998, Old world climbing fern (Lygodium microphyllum) , a dangerous invasive weed in Florida, *American Fern Journal* : 88 (4)

Prasad, V. *et al.*, 2005, Dinosaur coprolites and the early evolution of grasses and grazers, *SCIENCE* : 310

Sereno, P.C., 1997, The origin and evolution of dinosaurs, *Annu. Rev. Earth Planet* : 25

Smith, A.R., 1971, The Thelypteris normalis complex in the southeastern United States, *American Fern Journal* : 71

Thomas, V.G. *et al.*, 1982, The role of horsetails (Equisetaceae) in the nutrition of northenbreeding geese, *Oecologia* : 53

Tiffney, B.H., 1997, Land plants as food and habitat in the age of dinosaurs, *The Complete Dinosaur*

Wagner, JR. W. H., 1950, Ferns Naturalized in Hawaii, *Occasional papers of Bernice P. Bishop Museum* : 20 (8)

Wilson, K.A., 2002, Continued pteridophyte invasion of Hawaii, *American Fern Journal* : 95 (2)

索引

＊主な解説頁　＊＊イラスト掲載頁

著者

盛口 満（もりぐち みつる）

1962年千葉県生まれ。千葉大学理学部生物学科卒業。専攻は植物生態学。自由の森学園中・高等学校の理科教員を経て、2007年より沖縄大学人文学部こども文化学科准教授。珊瑚舎スコーレ夜間中学講師。著書に『骨の学校』『生き物屋図鑑』（共に木魂社）、『僕らが死体を拾うわけ』『コケの謎』（共にどうぶつ社）、『ゲッチョ先生の卵探検記』（山と渓谷社）、『ひろった、あつめた ぼくのドングリ図鑑』（岩崎書店）、『おしゃべりな貝』（八坂書房）ほか多数。

シダの扉 ―めくるめく葉めくりの世界

2012年 2月25日 初版第1刷発行
2012年 8月10日 初版第2刷発行

著 者 盛口 満
発行者 八坂立人
印刷・製本 シナノ書籍印刷（株）

発行所 （株）八坂書房
〒101-0064 東京都千代田区猿楽町1-4-11
TEL.03-3293-7975 FAX.03-3293-7977
URL.：http://www.yasakashobo.co.jp

ISBN 978-4-89694-990-2